生活因阅读而精彩

生活因阅读而精彩

人生不能只做有把握的事

创造奇迹的12大法则

林伟宸 ◎ 编著

中国华侨出版社

图书在版编目(CIP)数据

人生不能只做有把握的事 / 林伟宸编著. —北京：
中国华侨出版社, 2011.10
ISBN 978-7-5113-1714-8

Ⅰ.①人… Ⅱ.①林… Ⅲ.①成功心理-通俗读物
Ⅳ.①B848.4-49

中国版本图书馆 CIP 数据核字(2011)第 183219 号

人生不能只做有把握的事

编　著 / 林伟宸
责任编辑 / 严晓慧
责任校对 / 李向荣
经　销 / 新华书店
开　本 / 787×1092 毫米　1/16 开　印张/18　字数/278 千字
印　刷 / 北京建泰印刷有限公司
版　次 / 2011 年 11 月第 1 版　2011 年 11 月第 1 次印刷
书　号 / ISBN 978-7-5113-1714-8
定　价 / 32.00 元

中国华侨出版社　北京市朝阳区静安里 26 号通成达大厦 3 层　邮编:100028
法律顾问:陈鹰律师事务所
编辑部:(010)64443056　　64443979
发行部:(010)64443051　传真:(010)64439708
网址:www.oveaschin.com
E-mail:oveaschin@sina.com

QIANYAN 前言

　　每个人都在为自己的梦想努力着,梦想如同严冬的暖阳,给寒冷的身心一丝温暖,梦想能否实现影响着你的生活质量。人生不能只做有把握的事,思想有多大舞台就有多大,这一切需要我们去勇敢开拓。开拓精神不是天生就有的,要经过后天的激励与对美好生活的憧憬才会产生。《老子》有云:"大方无隅,大器晚成,大音希声,大象无形。"人生在世,亡羊补牢未为晚也。

　　人生不能只做有把握的事。平淡无奇的日复一日,活一生跟度过了一天又有什么区别呢?我们都艳羡那些功成名就的成功人士,然而你可知他们所拥有的一切都是靠自己拼搏、开拓得来的呢?也许你会说:"他们出身好,有基础,我什么都没有。"自古以来,白手起家最后成就大业的人数不胜数,任正非、俞敏洪、李嘉诚……如果他们当初死守眼前利益,只做自己有把握的事,岂能有现在的成就?

　　人生不能只做有把握的事。设定一个目标,去开拓未来。目标是前进路上的灯塔,是迷茫中的希望,是黑暗中的曙光,它照亮你前进的道路,指引你前进的方向。即使道路再曲折,生活再艰难,即使你再穷困潦倒,目标也会给你疲劳的内心以温暖,虚弱的臂膀以力量。确立你的目标吧,它是你前进路是必不可少的伴侣!

人生不能只做有把握的事。坚定的信念和执着的精神是成功的首要条件,人需要树立远大的目标,最后需要实际行动,宏伟绚丽的目标没有行动只能是空谈。赢在选择,利在规划,重在行动。行动是这个世界上最真实的魔法,是思想变为现实的唯一办法。

本书全面解析了拼搏过程中应注意的问题,详细介绍了解决问题的方方面面,既有理论的深度指导又有案例的生动呈现,希望可以给那些不敢踏出开拓第一步以及在开拓路上的人以勇气与指导。由于作者学识所限,本书仍有不足之处,请广大读者不吝赐教。

MULU 目录

第1章
精彩的人生由我们自己决定

> 为何别人的生活多姿多彩？有人贵有人贱难道是上天注定？难道我们的生活注定平庸，只能忍受日复一日的枯燥和煎熬？其实，我们每个人的命运都掌握在自己手中，人生的精彩与否由我们自己决定。人生的意义不只是日复一日，不只是死守眼前的事；思想是构筑人生大厦的基石，让我们一起进入思想的宝库，改变我们的人生吧！

成功来源于成功的意识 2
思想铸就品质 5
相信梦想才会实现梦想 9
眼光决定思路，思想决定出路 10
在竞争中生存，在逆境中成长 13
你自己就是一座金矿 15
点燃成功的欲望 18
人生之路规划在先 21

第2章
最大的风险并非冒险

著名文学家冰心曾说:"成功的花儿,人们只惊羡它现时的明艳,却不知道它当初的芽,浸透了奋斗的泪泉,洒遍了牺牲的血雨。"人们往往注重表象却忽略过程,不敢于拼搏、不愿付出与牺牲的人只能注定平庸。正如一枝绝美的花生长在悬崖峭壁之上,只有独具智慧的冒险家才可以把它摘取,平庸的人只能望花兴叹。

冒险是一种勇气	26
冒险与机遇并存	29
冒险就是要放手去做	32
最大的危险不是冒险	35
敢于冒险是智者的特质	39
做人一定要有雄心	42
寻找优秀的对手	45

第3章
别给人生设限

　　恐惧与不安全感不是天生就有的,无论什么恐惧与不安全感萦绕着你,你都应尽最大的努力去克服它们。成功不是一件容易的事情,危机不可避免,阻碍不可避免,顽强的意志是你战胜它们的法宝,记住:心有多大舞台就有多大,跳出思维的局限你会飞得更高。

学会用信念战胜恐惧	50
你担忧与恐惧的事其实大多并未发生	53
敏感、焦虑的人最容易恐惧	56
时刻保持危机意识	58
危机可以是一种转机	62
顽强的意志能战胜人性弱点	64
勇敢地走出心理牢笼	67

第4章
坚信自己的小宇宙

　　世界上有美好的享受也有弱肉强食的冷酷竞争,面对竞争,你对成功的把握是否降低了?你对自己的信心是否缩小了?你的心态是否告诉你自己只能做有把握的事?不可以这样!在做未知之事前一定要有强者的心态,坚信自己的小宇宙,只有强者的心态才能让你冲破艰难险阻,才能锻造出强壮的翅膀,创造美丽坚强的人生。

从自卑到自信	72
自信让你拥有世界	75
珍视和发掘自己的价值	77
强者在困难面前不退缩	81
心态决定你的人生	84
财富源于你的积极心态	87
强者的心态铸造强者的命运	90

第5章
成功就是走少有人走的路

　　成功不是只有伟人才可以办到,没有人天生被注定成功与失败。有时成功需要打破常规,不被世俗的框架束缚,敢于创新,才能走出一条发展之路。真理的诞生往往遭到现实的阻挠,只要勇于坚持自己正确的观点,专心做好事情,就能打开通往成功之路的大门。

不要盲从,要有自己的思考和判断 ……………………………… 94
敢于坚持自己正确的观点 …………………………………………… 96
创新才能看到人生的希望 …………………………………………… 99
时刻清醒地认识自己 ………………………………………………… 102
舍弃眼前的诱惑才能笑到最后 …………………………………… 105
有主见就行动,不要优柔寡断 ……………………………………… 108
走别人没有走过的路 ………………………………………………… 111
紧盯目标,专注才能做好事情 ……………………………………… 114

第6章
人之所以成功,是因为相信奇迹

在工作和生活中,当遇到问题和困难需要解决时,人们通常会有两种不同的选择:放弃或知难而进!人生需要一种境界,相信奇迹,才有可能创造奇迹!培养良好的思维能力,付出比别人多几倍的努力,那么,只要你执著于梦想,敢于付诸行动,勇于尝试新的生活,总有一天,你会看到生活的奇迹。

没有什么不可能	120
人人都拥有正向思维能力	123
比别人更努力	126
执著于自己的梦想	127
保持必胜的信念	130
你有权要求得到更多	133
破釜沉舟,激发自己潜藏的能量	135
冲破条条框框,勇于尝试新的人生	138

第7章
用谋略驾驭勇气

"宝剑锋从磨砺出,梅花香自苦寒来。"苦难,是成功之路上进步的阶梯。我们要敢于直面困难,接受挑战,从点滴小事做起,永不放弃,以百倍的信心迎接未来。当我们遇到需要解决的问题时,不仅要有勇有谋,还要三思而后行,避免急功近利,因小失大。相信而不轻信他人,思虑周全,全力以赴,一定会取得成功。

向困难说不	142
敢于挑战,自强不息	144
急功近利的结果往往是南柯一梦	145
实践出真知,从身边小事做起	148
你的行为要接受理智的指挥	150
遇事多考虑,有勇有谋方能成功	153
不要轻信别人,凡事多留个心眼	155

第8章
在行动中想办法

天无绝人之路,无论何种困难,只要你敢于直接面对,而不是一味地逃避,处处留心,注意找寻合理的方式方法,那么一定会解决它。遇到问题,主动去探寻问题的根源并找方法加以解决的人,是职场中的稀有资源,更是经济社会的珍宝。所谓成功人士不仅是比常人抓住了更多的机会,而且他们还能够创造属于自己的机会,用行动成就梦想。

最成功的人是最重视找方法的人 …………………………………… 160
只要努力想办法,一定能有好方法 …………………………… 163
遇到困难不逃避,想办法才是关键 …………………………… 166
一千个困难必有一千零一个方法 ……………………………… 169
主动找方法能让你脱颖而出 …………………………………… 172
不是每一匹千里马都能遇到伯乐,要学会自我展示 ………… 175
我们要的是行动 ………………………………………………… 177

第9章
有把握的事一般不叫机遇

  果断是你人生的一张关键牌。面对机遇,犹豫者将一事无成,而果断者将成就伟业。做事不要瞻前顾后,否则将错失良机。成功者明白机遇的重要性,并且都在孜孜不倦地寻求着机遇,利用着机遇,不管顺境还是逆境。强者创造机会,弱者等待机会。懂得主动创造机会的人,才能赢得事业的成功。

用目标管理你的人生 ………………………………… 182
该出手时就出手 ……………………………………… 186
果断是你人生的关键牌 ……………………………… 190
像雄狮一样果断,抓住机遇 ………………………… 194
机遇是通向成功的捷径 ……………………………… 197
与其消极等待,不如主动创造 ……………………… 201
坚持不懈,你才能转危为安 ………………………… 204

第10章
做人可不拘小节,做事要注意细节

做人可不拘小节,但是做事一定要注意细节,细节是一种习惯,是一种积累。一个人要养成重视小事的习惯,因为这能反映出他做事的态度。一个不起眼的动作,或许就会改变一个人的一生。其实,机遇处处在,就看你是否具有睿智的头脑和敏锐的眼光,从细节中发现成功的秘密。

细节中隐藏着魔鬼 ……………………………………… 210
要成大事先做小事 ……………………………………… 212
从小事做起,起步要早 ………………………………… 215
一个微不足道的动作改变人的一生 …………………… 218
对琐事的态度决定你的人生 …………………………… 221
小智慧带来大财富 ……………………………………… 224

第11章
能力从解决难题开始

凡事必有解决的方法,抓住问题的关键,对症下药,问题自然迎刃而解。找借口实际上是失败的前奏。其实,现实中我们说事情艰难,往往是由于我们并没有尽到最大的努力!有了坚强的意志不一定会成功,然而没有坚强意志的人,一定会失败!只有从困境中走出的人才是真正的强者。

世界上最大的困难源于你的头脑 ················· 230
凡事必有其解决方法 ····························· 232
寻找借口会让你更加平庸 ························ 234
与其抱怨别人,不如改变自己 ···················· 237
先别说难,先问自己是否已竭尽全力 ·············· 240
拥有坚强意志,挫折自然退避三舍 ················ 244
在困境中,更要勇敢出击 ························ 246

第12章
人生最重要的就是永不放弃

伟人与常人的不同,在于其信心动摇时,一般会说服自己再次树立信心。成功和幸福一样,不在于外在的富有,而是内心的感受。不甘平庸的人都需要莫大的勇气和毅力,才能勇往直前。狭路相逢勇者胜,对于生活中的勇士来说,一切皆有可能。

人生最重要的就是永不放弃	250
让自己做到有计划地进步	253
做生命的勇者	256
责任感是一种珍贵的能力	258
此路不通彼路通	261
合理的欲望是成功的翅膀	264
新生活从选定方向开始	267

第1章
精彩的人生由我们自己决定

为何别人的生活多姿多彩？有人贵有人贱难道是上天注定？难道我们的生活注定平庸,只能忍受日复一日的枯燥和煎熬？其实,我们每个人的命运都掌握在自己手中,人生的精彩与否由我们自己决定。人生的意义不只是日复一日,不只是死守眼前的事;思想是构筑人生大厦的基石,让我们一起进入思想的宝库,改变我们的人生吧！

◎ 成功来源于成功的意识 ◎

> 在这个世界上，上天为世上每个人都安排了一个独特而又重要的角色，演得精彩还是平庸，那就全看你自己了。

意识指人的精神、一般心理状态和思想认识活动。实际上，每一个具有社会意识的自然人都具有渴望成功的意识。那么，你渴慕成功的意识足够强烈吗？它还在沉睡吗？何不将它叫醒，让我们一起来分享成功的秘密呢？

巴尔扎克曾说过"一个能思想的人才是一个有力量的人"，你的思想决定了你的高度。你思想里的成功意识分子的活跃程度决定了你成功意识的磁场强度；你是否是一个有志向和清晰目标、对自己的成功极度渴望的人，决定你最终的磁场吸引力。也许你会问："这跟成功有什么关系？"我们的回答是："当然有关系！很多成功人士之所以能够制造自己的成功机会，就是因为他们具有强烈的成功意识！这种成功意识创造了优质的强烈的磁场吸引力！这种磁场会被周围的人所感知，人们首先会关注你，进而接近你，最后被你优质热烈的言行吸引（正所谓"内外相应，言行相称"）。它们的存在增加了你的磁场强度，会有更多的人向你身边靠拢，最终使这个磁场产生强大的吸引力，让更多成功机会和成功因素不断地向你身边聚集。"

思想和意识将带来与我们所关注的想法一致的条件。例如，我对你说："不要想大象！"哦，接下来，告诉我你想到了什么，肯定有一头可爱的大象从你脑海中一闪而过吧！再者，我们越害怕生病，就越可能会生病。这是因为，潜意识

第1章 精彩的人生由我们自己决定

同样是一种能动的精神形式,它会将我们的想法体现在外部世界。如果你的潜意识是不利的、有害的思考形式,它就会影响你多年努力得到的成就,严重者甚至会将这些成就化为泡影。对于成功也是这个道理,如果我们渴望成功,就会达到成功,因为内心的成功想法也将体现在外部的世界,这样成功就会离我们更加接近。在这里为大家举一个因为具有了成功意识且付诸实际行动最终达成梦想的例子:

勒格森·卡伊拉是一个生活在非洲尼亚萨兰卡荣谷镇的穷孩子,当他决定从家乡出发去美国接受大学教育的时候,身上仅有够维持5天的食物和两本他喜爱的书(《圣经》和《天路历程》),外加一把防身的小斧头和一块供取暖用的毯子。带着这些,他急切地踏上了他的人生旅途。谁能想象一个从未出过远门且只有16岁的孩子为了接受大学教育将步行从他的家乡向北穿过东非荒原到达开罗,最后乘船到美国?勒格森可怜的父母不知道美国离他们究竟有多远,但在勒格森的坚持下,他们勉强选择了支持自己的孩子并虔诚地为勒格森的旅途祈祷。

开始,勒格森和村里的许多人一样,认为学习只是找个借口可以不干活罢了,而且对穷孩子来说简直就是浪费时间和金钱!但勒格森的幸运就是遇到了一个传教士,他的一句话改变了勒格森的一生,那就是——"在我们这个世界上,上帝为世上每一个人都安排好了一个独特而又重要的角色,演得精彩还是平庸,那就全靠自己了。"这句话敲开了勒格森蒙昧的灵魂,一颗新思想的种子(我们不妨将这颗种子称为成功意识)开始在他的内心生根发芽。他在学习的过程中体会到了只有接受教育才能实现梦想,于是他就有了徒步到开罗的想法。

没有去想在途中可能会遇到的一切困难,勒格森出发了。他必须踏上征途。他一心只想着那一片可以帮助他把握自己命运的地方,其他的一切都可以置之度外。

在艰难跋涉了5天以后,身无分文的勒格森仅前进了25英里,而且食物也吃完了,水也快喝光了。要想继续完成后面遥远的路程似乎是不可能了,但他没有放弃,而是坚持走下去。

每到一个新的村庄他都很友善的跟当地人交往,努力地找工作。好心的当地人为勒格森提供了一些工作,使这个怀揣梦想但经济窘迫的年轻人得以有了喘息之机。

但广袤的非洲原野上村庄很少,勒格森大多数时间都是在野外行走,他只能依靠野果、野菜维持体力。艰难的旅途使他病倒了,但这一切并不能使勒格森屈服,使他感到可怕的是精神的寂寞与孤独。他开始想:"回家也许会比继续这似乎愚蠢的旅途和冒险更好一些。"但勒格森并未回家,而是翻开了书,读着那熟悉的语句,他又恢复了自己的目标和信心,继续前行。这么做的结果是我们的主人公在艰难的行走了近15个月的时间、走了近一千英里以后,到达了他路途的首站——乌干达首都坎帕拉。

在坎帕拉待的6个月时间里,勒格森边打工边抽时间到图书馆读各种书籍,用高尔基的一句话形容此时的勒格森再合适不过了,那就是"我扑在书籍上就如饥饿的人扑在面包上"。

在图书馆里,勒格森在一本关于《美国大学指南》里第一次看到了斯卡吉特峡谷学院,环绕这所学院的群山使他想起了家乡那壮丽的山峰。于是他申请成为这所学院的学生,并向学院申请得到奖学金。与此同时,勒格森给尽可能多的院校寄去了自己的申请。其实这大可不必,斯卡吉特学院很快接受了他,勒格森向着梦想又前进了一大步,但困难并未因此结束。在入学之前,勒格森向美国政府申请了护照和签证,但要得到这两样东西他需向美国政府提供确切的出生日期证明以及他拥有可使他往返美国和非洲的费用证明。勒格森拿起笔给他童年时起就曾教导过他的传教士写求助信。传教士通过政府渠道帮助他很快拿到了护照。虽然勒格森当时还缺少领取签证所必须拥有的那笔航空费用,但他并未因此苦恼,他相信目标可以达成,他花了自己仅有的一点积蓄买了一双新鞋,使自己不必光着脚走进学院的大门。

在他向开罗前进的时候,关于他的事迹已经在非洲和华盛顿佛农山区广为流传。远在斯卡吉特峡谷学院的学生们将募集来的650美元寄给了勒格森,用以支付他来美国的费用。当用这些钱取得到美国的签证时,勒格森内心满怀喜悦和感激。

经过两年多的行程,勒格森终于如愿以偿来到斯卡吉特峡谷学院,正式成为这所学院的学生。此后的勒格森从未停止奋斗,最终成为政界广受尊重的权威。

成名后的勒格森说过这样一句话:"爱之于我,不是一蔬一饭,不是肌肤之亲,而是疲惫时候的英雄梦想!"

勒格森出身卑微,但因拥有梦想,拥有强烈的渴望成功的意识,就像他崇拜的英雄——亚伯拉罕·林肯和布克·华盛顿那样,最终出人头地。他成功奋斗的经历成为人类奋斗史上一座壮丽的灯塔,其光芒一直为人们指引着前进的方向。

◎ 思想铸就品质 ◎

> 一个人是成功还是失败,都是自己思想作用的直接结果。任何形式的成功都是对努力的回报,对思想的奖赏。

"一个人的思想决定他的为人。"这句西方格言不仅涵盖了人生的全部价值,也涉及到了人们的情感,触及到了人生的各种境况。可以毫不夸张地说,人之所以成为人就在于人的思想;而一个人的品格就是他所有思想的体现。

如果没有种子,就谈不上植物,更谈不上茁壮成长;如果没有思想的种子,那么人的一切行为也就成了无源之水、无根之花,人也就不能称其为人。无论是"自然而然"的行为,还是"出乎意料"的行为,或是"刻意设计"的行为,这个道理皆普遍适用。

行为是思想的花朵,悲喜是思想结下的果实。也就是说,一个人的思想决定了他收获的是甜蜜的果实,还是苦涩的果实。

人类是自然规律的产物,而非依靠阴谋诡计长大。拥有高贵的品格并不是上天的恩赐或机遇,而是在正确思维指导下不断努力得到的必然结果,也是长期心存正念的必然结果。同理,长期累积的卑微思想,自然就会形成卑鄙和低贱的人格。

其实,一个人成功与否完全掌握在他自己手中。在思想的器械库里,他可以选择制造武器,摧毁自己;也可以制作工具,开创出一片幸福快乐的新天地。只要能够正确地选择思想并付诸实践,人就能够达到完美的境界。相反,如果错误地滥用思想,就只能堕落为禽兽之辈。同时,在这两种极端品格之间,存在着不同层级的品格,每个人的思想决定了他的品格的层级。

目前,得以保存和传承的有关心灵的所有美好真理中,最令人愉悦、最能够带来成就的就是:人乃思想的主宰者、品格的培养者和社会地位、环境及命运的缔造者。

人永远是自己的主人,是自己的主宰者,即使在最软弱和最堕落的悲惨境地依然如此。但是,当他存在某种弱点并走向堕落之时,他就变成了一个不能正确支配自己的愚蠢的主人,错误地支配着自己的"家产"。只有当他开始认真反省自己所处的境况,并坚持不懈地追寻种种为人处世的自然规则之时,他才能够脱胎换骨,成为一位明智之主,从而充分利用自己的思维,施展自己的能力,收获硕果累累的明天。这就是一个有觉悟的主人。人只有发现内心的思想法则,才能成为明智的主宰者。

要想得到黄金和宝石,人类必须经过大量的勘探及开采。同样,要想挖掘人内心深处的宝藏,就要努力开采心灵的矿藏,领悟为人处世的真理。人是自己的主宰。如果他能够观察、控制、改变自己的思想,并细心探索思想对自身、他人以及人生境况所产生的影响,耐心了解实践与检验的因果关系,最终他就能够清晰明了地印证这个道理。在这个方面有一个绝对的法则,即:追寻者就是发现者,只要他去敲门,大门就会为他而开启。我们只有依靠耐心、实践以及坚持不懈的毅力,才能够叩开知识殿堂的大门。

一个人是成功还是失败,都是自己思想作用的结果。一个人的优点和缺点、心灵的纯洁和不纯洁,都是自身思想造成的结果,而不是别人给予或强加给他的。他的境况也是他自己而不是他人创造的,同样,他的苦难和幸福也是他自身所造成的。要改变这一切只能依靠自己,旁人无法插手。他想成为什么样的人就能够成为什么样的人;但是如果他不改变思想,而继续像以前一样思考,那么他的境遇不会有任何改善。

人们曾普遍认为:"正是因为有了压迫者,才会有人沦为奴隶;让我们憎恨压迫者吧!"然而时至今日,越来越多的人倾向于颠倒过来理解这句话。这些人认为:"一个人之所以成为压迫者,是因为有许多人甘愿成为奴隶。让我们唾弃这些奴性十足的家伙吧!"

压迫者与被压迫者之间不知不觉地达成了一种默契,表面上看他们好像在相互折磨,而实际上,他们却是在折磨自身。明智的人认识到了这一法则:思想的懦弱造就了被压迫者,而压迫者则滥用了自己的力量。不管是压迫者还是被压迫者,都承受了必须承受的苦楚,即使他们不去彼此谴责,也难以获得真正的、完美的爱。一个人要想摆脱压迫者和被压迫者的身份,成为真正自由的人,就必须克服自身的弱点,抛弃所有私心杂念。

一个人要想取得成就,就必须在取得成就之前提高自己的思想水平,使自己摆脱盲从的动物本能。当然,他不一定要完全放弃内在的所有动物本性和私欲,但是,他至少必须放弃其中很大一部分。如果本能的沉迷放纵占据了一个人的心灵,那么他就无法理智地思考,更不能清楚明白地采取行动去实现自己的目标。如此他无法发现、无法发掘自己的潜能,最终将一事无成。一个人如果不能控制自己的思想,就无法控制事态的发展、无法担负重大的责任。这并不是说他生来低能,而是他所选择的放任自流的思想束缚了他,限制了他的发展。

没有牺牲,就没有进步、没有成功。一个人只有能够控制自己的本能,一心一意发展计划,增强独立自主的能力,才有可能取得成功,这是测量成功的一个尺度。思想水平越高的人,越勇敢坦荡,越有可能获得更大的成就,得到越多的、持久的祝福和敬重。

这个世界从不会放纵贪婪、欺诈和邪恶等恶习,可能从表面来看,具有这些恶劣品质的人没有受到应有的惩罚,他们的恶行为没有得到有效的控制,但是我们不能否认,世界永远会帮助那些诚实守信、宽宏大量、品德高尚的人。纵观人类历史,每个时代都有一些伟大的导师以各种各样的形式,向我们明确地诠释了这个道理。要想正确地了解这个道理,人们必须坚持不懈地提高自己的思想水平,提升自己的品格,成为一个品德高尚的人。

任何形式的成功都是对努力的回报,对思想的奖赏。在正确思想的引导下,借助于自我克制、坚持不懈、纯洁正直的品性,人就能不断地取得进步,而他的前途也将无限光明;相反,如果人的思想只是沉迷于兽性、懒惰、不洁和迷茫之中,那么他只会走向堕落。

人可能在物质上获得极大的成功,也可能在精神王国取得成就。但是如果他因此而骄傲自满、不思进取,那么他很容易再次堕入悲惨的境地。人通过正确思想所取得的胜利,只能靠谦虚和谨慎来进行维护。

一切成就,不管是在商业领域、学术领域还是在精神领域,都是正确思想引导的结果,它们受相同法则的支配,拥有同样的方法,唯一的区别就在于它们达到的目标不同。

◎ 相信梦想才会实现梦想 ◎

> 蜘蛛没有翅膀却可以把网结在空中,因为蜘蛛相信梦想是最好的翅膀;叶子在风雨中飘摇却依然坚守在枝头,因为叶子相信一生执著的绿一定会换来一个金色的秋天。

国内外的成功人士之所以成功就是因为他们对成功的梦想有着强烈的渴望,并且信心十足。梦想是世界的救世主,因为我们的生活充满了考验,只有梦想才能让我们超越。人类可以从成功实现自己梦想的美好事例中得到滋养,从而对生活怀有希望。人类不应该将梦想忘却,也不应该让梦想的翅膀折断,因为人类总是要生活在梦想之中的,并把这种理想看作有朝一日能实现的现实。

作家莎士比亚、雕塑家罗丹、画家梵高,乃至这个世界上众多的诗人、预言家、贤者,都是梦想家,是后世的创造者、天堂的建筑师。这个世界之所以绚丽多姿,就是因为他们的存在。没有了他们,辛苦劳作的人类就没有了锦绣前程,也必定走向毁灭。哥伦布怀着梦想在海上航行而发现了美洲;哥白尼认为宇宙无限宽广,最终为我们留下了宝贵的《天体运行论》;释迦摩尼构思出一个纯洁无瑕、完美无缺、平静祥和的精神世界,最终他进入了这样一个世界。珍惜你的梦想与理想吧!因为最伟大的成就,都来源于心中的梦想。

蜘蛛没有翅膀却可以把网结在空中,因为蜘蛛相信梦想是最好的翅膀;叶子在风雨中飘摇却依然坚守在枝头,因为叶子相信一生执著的绿一定会换来一个金色的秋天;在你梦醒时分,心灵梦想的至高天使已为你起身相迎。孕育于在心中的梦想是现实的秧苗,你还在等待什么?去实现它吧!相信梦想就会实现梦想!

年轻的读者,你的内心应该有梦想,你最终收获的,就是你梦想的果实。你将得到你努力奋斗去争取的东西,既不会多也不会少。无论你目前的境况如何,你的成功或失败都会随着你的思想(你的梦想和理想)结出甘或苦的果,或是悬在二者之间。

实现梦想当然需付出一番努力,没有人能随随便便成功。成功之花,人们往往惊羡它现时的明艳,然而当初,它的芽却浸透了奋斗的泪泉,洒满了牺牲的血雨。然而人们并没有看到,那些为了实现自己梦想的人所经历的挫折和考验;他们也不明白,不付出巨大的牺牲,克服种种的困难,实现梦想根本无从谈起。只会空想的人,无视黑暗与痛苦,只注意到光亮与欢乐,并把它称为"幸运";也无视漫长而艰辛的历程,只盯着令人羡慕的结果,并且把它称为"好命";他们并不懂得进取,只看到了别人实现了梦想,并把它称为"机缘"。

正所谓种豆得豆,种瓜得瓜,任何人的收获都是他们努力的结果。没有人天生就具备了才华、能力、物质财富、知识财富以及精神财富,上帝是公平的。拥有梦想很重要,但更重要的是,你要相信自己可以实现它,可以通过自己的努力和奋斗将梦想变为现实,无论这个过程怎样艰苦卓绝!

相信吧,你的梦想是什么,那么你所构筑的人生大厦就是什么!

◎ 眼光决定思路,思想决定出路 ◎

> 我们并不缺乏开创事业的勇气,我们也已做好了坚忍吃苦的精神准备,甚至资金也不是最重要的——只要我们具有敏锐的眼光。

有一所著名学院的院长,继承了一大块贫瘠的土地。贫瘠也就罢了,市政府

第1章　精彩的人生由我们自己决定

建造的一条公路从这块土地上横穿而过,将这块土地分成了难看的两半!他认为这块土地不能给他带来任何商业价值及贵重的附属物,反而成为一项支出,因为他还必须向市政府定时支付土地税。

一天,一位"未受教育"的人开着车从这块土地上经过,他注意到这块土地正好位于一处山顶,除了可以观赏四周连绵几公里长的美丽景色外,还在地上长满了一层小松树及其他树苗。于是,他以每亩100美元的价格,买下了这块50亩荒地的使用权。然后,在靠近公路的地方,他建起了一间很大的餐厅,在餐厅附近又建了一处加油站。同时又在公路沿线建造了十几间单人木头房屋,以每人每晚5美元的价格出租给游客。仅仅这些就使他在第一年净赚7万美元。

第二年,他又扩大了投资,增建了50栋每栋有三个独立房间的木屋,他把这些房子作为避暑别墅出租给来此避暑的人们,租金为每季度4500美元。

而这些木屋的建筑材料没有花他一毛钱,因为这些木材就长在他的土地上。而且这些木屋良好的地理位置和独特的外表正好成为这个避暑地的最佳广告。如果一般人用如此原始的材料建造房屋,很可能被认为是疯子。但他这么做了,且取得了良好的收益。

但这人并不满足于此,他以超低的价格又买下了在距离这些木屋不到5公里处的一座荒废的农场,而卖主则认为卖出这块土地的价格很合适。

这个人马上又对这块土地进行了改造,建造了一座100米长的水坝,把一条小溪的流水引进一个占地15亩的湖泊,并在湖中放养了许多鱼,然后把这个农场转手卖给了那些想在湖边避暑的人。

这样简单地一转手,仅花费一个夏季的时间,他便有20万美元进账。

这个极有眼光、远见及想象力的人却未受过正规"教育"。

再说上文提到的那位认为那50亩土地"没有价值"的学院院长,他悔不当初,说:"想想看,我们大部分人都认为那个人没有知识,但他用他的远见眼光所

11

获得的年收益,却远超过我用教育的方式所赚取的5年的总收入。"

这不就是对眼光决定思路、思想决定出路的最好诠释吗?

威尔逊是美国房地产业的大亨,但在创业之初,他仅靠一台分期付款买来的爆米花机做贩卖爆米花的生意。二战结束后,美国成为了战胜国,虽然战后经济不景气,但威尔逊坚信不久的将来美国的经济就会进入大发展时期,他想着趁此时机用做生意赚下来的一点钱进行投资,但是该投资什么好呢?经过一番考察后他决定从事地皮生意。因为战后人们一般都比较穷,买地皮修房子、建商店、盖厂房的人很少,因此地皮价格低廉。

当亲朋好友听说威尔逊要做地皮生意,异口同声地反对。但威尔逊坚持己见,他认为反对他的人目光短浅。他坚信随着经济的恢复买地皮的人一定会增多,地皮的价格也会暴涨。

之后,威尔逊用手头的资金外加一部分贷款在市郊买下一大片荒地。他预测美国经济会很快繁荣,城市人口会日益增多,市区必然向郊区延伸。用不了多久,这片土地就会变成黄金地段。

后来的事实正如威尔逊所料。不出三年,市区迅速发展,大马路一直修到威尔逊买的土地边上。这时,有许多有眼光的商人竞相出高价想购买这块土地,但威尔逊不为眼前利益所动,他的眼光放得很远。后来,威尔逊在自己这片土地上盖起了一座命名为"假日旅馆"的酒店。由于它的地理位置好且舒适方便,开业后生意非常兴隆。此后,威尔逊的生意越做越大,他的"假日旅馆"逐步遍及世界各地。

有时眼光还在于经验与创新,发现与一般人相反的思路。这是一个从事锅炉销售职业的人所讲的一个故事:

有一次,有两个人要从他这里买一台锅炉,用来提供将要开张的洗浴中心所用的热水,并且想请他负责安装,因为要开洗浴中心的地段与锅炉销售店相隔不是很远,于是他就答应了他们的请求。当他到了那后,发现这是政府已经通知半年后要拆迁的地段,于是他就问这两人:"为什么要投入将近100万元在一

第1章　精彩的人生由我们自己决定

个将要拆迁地方开洗浴中心呢?"两人开玩笑似的回答:"我们会看!"他们的回答弄得他一头雾水,将信将疑,心想我倒要看看你们是怎么一个看法!后来他专门跑去那两人开的洗浴中心洗澡,令他惊奇的是他们的生意非常好,这时其中一个人告诉他:"我们就是专门开洗浴中心的,选在什么样的地方开有经验,我们投资的钱三个月就收回来了,剩下的三个月还可以赚个百八十万呢!"

尽管这种"看"的标准也许只是一种感觉,但他们与众不同的眼光决定了他们的成功。

我们并不缺乏开创事业的勇气,我们也已做好了坚忍吃苦的精神准备,甚至资金也不是最重要的——只要我们具有敏锐的眼光。眼光决定思路,思路决定出路。眼光是需要不断锤炼的,我们的思想也要不拘一格,这样才能找到出路。

◎ 在竞争中生存,在逆境中成长 ◎

> 逆境是天才的登天梯,信徒的洗礼水,智者的无价宝,弱者的无底渊,逆境能摧毁一个人也能造就一个人。只有不畏艰险,磨炼出坚强的意志,奋力向前拼搏,逆境才能够激发出我们最大的潜能。

有压力才有动力,当人们被迫面临一些重大压力的时候,都会竭尽所能去解决。当我们自身处于经济窘迫、事业惨淡、生活艰辛的境况时,通常也是我们成长最快的时候。这就如同在风平浪静的湖面上行船,任何一个舵手都可以做到让船顺利航行,但是在波涛汹涌的大海或是暴风雨中就不是谁都能胜任得了

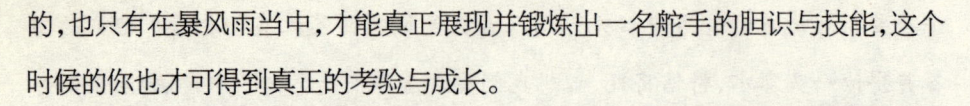

的,也只有在暴风雨当中,才能真正展现并锻炼出一名舵手的胆识与技能,这个时候的你也才可得到真正的考验与成长。

确实,大部分情况下,顺境有利于人在良好的心态下正常发挥水平,但顺境也是制造懒惰的温床,它消磨人的斗志,让人不再有所追求,甘于平庸,贪图享乐,碌碌无为终其一生;而反过来说,逆境是天才的登天梯,信徒的洗礼水,智者的无价宝,弱者的无底渊,逆境能摧毁一个人也能造就一个人。只有不畏艰险,磨炼出坚强的意志,奋力向前拼搏,才能够激发出最大的潜能,最终摆脱逆境,在逆境中创造奇迹取得更令人向往和羡慕的成就。

美国电影巨星史泰龙在成名之前经常搜遍全身也找不出100美元,落魄的他连房子也租不起,每天只能蜷缩在自己的金龟车里过夜,但他并未被眼前的逆境打倒,他立志要当演员。他自信地到纽约的电影公司应征,而纽约的约500家电影公司都以他相貌平平且咬字不清为由将他拒之门外。

在经历了数百次的拒绝之后,毫不气馁的史泰龙总结了失败的经验,为了自己的演员梦,他决定改变往日单刀直入的策略,进而采取一种迂回策略,他自制了《洛奇》的剧本,并拿着自己的剧本四处推销,并且继续坦然地接受别人对他的嘲笑与奚落。

终于有一天,在史泰龙已经被拒绝了不下上千次以后,遇到了一个愿意接拍《洛奇》剧本的电影公司老板,对方很苛刻,虽答应筹拍他的剧本,但却不准他在电影中参加演出,史泰龙则坚持要参与自己剧本的演出,不然他宁肯放弃这次机会。电影公司无奈之下只好给史泰龙安排了一个小角色,但就是这个小角色在影片中的出色表演让他从此一炮而红,一跃进入好莱坞巨星的行列。

古语道:"顺境能节制,逆境方坚忍;智者不以境制心,而以心制境。"我们无论处于什么样的境况都应正视现实,温室里的花朵是幸运的,但饱受风浪考验的海鸥也能够搏击长空。只有正视逆境,才能战胜逆境;只有不畏竞争,才能走向成功。让我们在竞争中生存,在逆境中成长吧!上帝关上了你的所有的门,为你留下了一扇窗,而你自己所要做的就是用永不言败的精神,去推开那扇洒满阳光的成功之窗!

◎ 你自己就是一座金矿 ◎

> "您看到这里的草长得不好,是因为您把这里的草和别处的草相比较的缘故。看来,我们常常是看别人美丽的草地,却很少去整治自己的草地!"

"天生我才必有用,千金散去还复来"。每个人都是一座"金矿",智慧、勇气、自信、宽容、卓越这些都是我们这座金矿中的美好元素,关键是看你如何采掘和运用,这样才不负上苍所赋予我们的宝贵生命。

100多年前,美国费城有一个勇于奉献的牧师康惠尔先生,他看见他的教堂所在的地区有许多年轻人因为经济原因不能接受大学教育,善良的康惠尔牧师就想:要是能为这些年轻人办一所大学那该有多好啊!

于是,康惠尔牧师奔走于名流商贾之间,想筹到办这所大学所需的经费。但令康惠尔牧师失望的是,5年过去了,他连1000美元也没有筹集到,但办一所大学至少要150万美元。

一天,他情绪低落地穿过花园走向教堂,却发现自己花园的草坪与别人整洁的草坪相比很不像样。康惠尔牧师便问园丁:"为什么这里的草长得不如别处的草呢?"

园丁回答说:"您只是看到别人美丽的草地,却很少去整治自己的草地!"

这句话使康惠尔恍然大悟,他想,5年来我只是去要求别人,为何我不提升

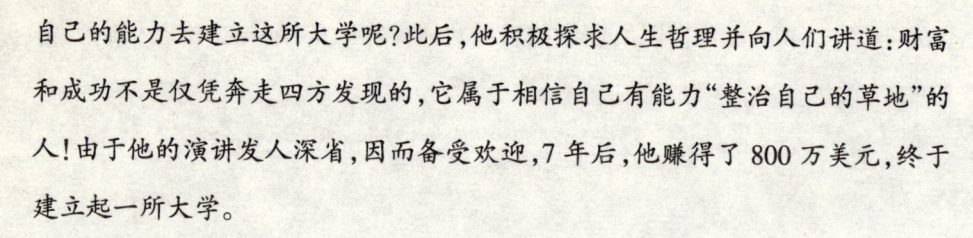

自己的能力去建立这所大学呢?此后,他积极探求人生哲理并向人们讲道:财富和成功不是仅凭奔走四方发现的,它属于相信自己有能力"整治自己的草地"的人!由于他的演讲发人深省,因而备受欢迎,7年后,他赚得了800万美元,终于建立起一所大学。

如今,他建立的高等学府,依然矗立在费城,并且闻名世界。

康惠尔的成功,不仅源于他的善良更源于他的卓越。这则故事正应了中国的一句俗话"求人不如求己"。正如文中那个园丁所说,每个人都看到他人草坪的美丽却不想着去整治自己的草坪,殊不知你自己才是自己最靠得住的那座金矿。那么,我们该怎样将自己的金矿开发到最大值呢?

第一,智慧:持久的远景目标和规划

在脑海深处,对自己未来的发展方向要有一个稳定的远景目标和规划。

有志者立长志,无志者常立志。确立了目标后就要牢牢地把握这一目标,无论何种情况,只要你的目标是正确的,就要坚定不移。动摇目标的消极思想一产生,理性的声音就应立即把它驱逐出去。碰到困难消灭它们,千万不要因为畏难心理高估它们。当然我不是要你变成一个自我中心主义者,锲而舍之,朽木不折;锲而不舍,金石可镂。坚持是持久的前提。

第二,勇气:宣传自我,广交朋友

日常生活中注意我们的着装,因为良好的仪表会给第一次见面的人带来良好的印象,微笑也是宣传自我的法宝。你的微笑也会感染到别人,使他人快乐。大胆向别人展示自己,让别人了解你是广交朋友的前提。朋友可以给我们带来温暖,提升我们的自信。"以铜为鉴可以正衣冠,以史为鉴可以知兴替,以人为鉴可以知荣辱。"真正的朋友就好比一面镜子,使我们了解自己,塑造自己。

宣传自我,要挑前面的位置。在公共场所你是不是喜欢坐后面的位置以至于让自己不会"太显眼"?而不想"太显眼"的原因就是缺乏自信心。为什么不改变一下?坐在前面,建立信心!从现在起把它当做一个规则试试看,大大小小的聚会尽量往前坐。当然,坐前面的确会比较显眼,但是,有关成功的一切不都是"显眼"的吗?

第三,自信:当众发言

很多思维敏锐、天资聪颖的人,却无法让人们知道他们的才华,发挥他们的长处,这并不是他们不想参与,而是由于他们默默无闻,从不当众发言,放走展现自我的机会,这一切都源于缺少信心。缺少自信的人都认为:"我的意见可能没有价值,说出来可能会遭到耻笑,我最好什么也不说。"而且,他们认为:"总有比我懂得多的人,我并不想让他们知道我是这么无知。"其实结果往往相反,你越是沉默,久而久之人们越以为你真的很无知。这些人常会用"等下一次再发言"的借口为自己的不自信开脱,可是他们很清楚自己是无法实现这个诺言的。长久下去,这些人不光会丧失机会,更会愈来愈没自信。

不论是参加什么性质的会议,你最好是做气氛的"破冰船",第一个打破沉默,也不要担心你会显得很愚蠢,因为总会有人同意你的见解。

第四,宽容的法宝是微笑

"微笑"能给自己以很实际的推动力,它不仅是良好人际关系的第一步,而且是医治信心不足的良药。真正的笑不但能治愈自己的不良情绪,还能马上化解别人的敌对情绪。俗话说"开掌不打笑脸人",一个真诚的微笑,可以化解很多矛盾。

有一天,一辆红色的车停在十字路口的红灯前,突然间"砰"的一声,后面那辆车撞了红色车后的保险杠,红色车的司机下车,怒气冲冲,准备痛骂那个人一顿。但他还来不及发作,肇事者就微笑着走过来,并诚挚地说:"对不起,我实在不是有意的。"面对他的笑容和诚恳的态度,红色车的司机心中的怨气顿时烟消云散,低声说:"没关系,这种事经常发生。"

看,在微笑面前敌意也会变成友善。

以上四条原则和方法,用现代科学术语来说,就是"心理暗示法"。"信心"、

"勇气"、"宽容"都是一种心理状态,可以用"心理暗示法"诱导出来。对你的潜意识重复地灌输正面和肯定的语气,是提高你良好品质最快的方式。如果我们用一些正面的、肯定的、自信的语言反复暗示和灌输给我们的潜意识,那么,这些东西就会在我们的潜意识中牢牢扎根,激发我们潜在的能力,把我们蕴含在体内的能量释放出来,这样,我们自身的金矿就能发出金色的光芒。

◎ 点燃成功的欲望 ◎

> 没有追求的人生是空虚的,没有挑战的人生是乏味的,没有波澜的人生是不完整的。那么你的人生是怎样的?

成功起源于强烈的企盼,孕育于痛苦的挣扎,是寻找自我,最终超越自我的一种结果。这种企盼表现在行动上,就是你奋斗精神的强弱,而强弱程度,表明了你成功欲望的大小。要想成功,你必须把自己的欲望之火激发到白炽状态。

做人就要做生活的强者,永远不要比别人差,这才不枉在世上走一遭。当你看到别人开着奔驰车从你眼前驶过,当你看到一栋栋摩天大楼拔地而起,不要说这一切你不羡慕,你不想拥有。没有追求的人生是空虚的,没有挑战的人生是乏味的,没有波澜的人生是不完整的。那么你的人生是怎样的?

你是否每天遵循着朝九晚五,日出而作,日落而息毫无创造性的生活?你是否经常为一毛两毛钱的菜价讨价还价,每每精打细算、节衣缩食,只为节省一点点开支?你是否每天都在抱怨老板苛刻,自己运气不好,合作伙伴狡猾而对手又太奸诈?你是否早已受够了贫穷困苦的生活,却认为成功太难,而无力迈出改变现状的第一步？

其实成功离我们并不遥远，就看你是否具有成功的欲望！要知道，成功难，不成功更难！

这是一个成功创业者的故事，他这样坦陈心迹：至今我仍清晰地记得，我刚来到上海的情景。刚刚从武警部队转业的我听人说，凡是优秀的、想要追求成功的人都要到上海去。受到这句话的鼓舞，我没有多想，打了个简单的行李卷，就直奔上海。

刚到上海时，我什么都不懂，不知道公交车怎么坐。由于身上的钱不多，我只能吃馒头咸菜，连路边摊位的让人垂涎三尺的炸鸡价钱也不敢打听。

在找了一个多星期的工作，却仍然毫无着落的情况下，一位战友帮我介绍了一家装饰公司，老板说如果你很想试一下的话，工资只有600元。但当我满怀欣喜地答应后，那老板又用"我看你真的还是不太适合这个行业"的借口拒绝了我。为了生存，我恳求说："请您给我一个机会，让我做满一个月，如果您不满意，我一分钱工资不要，立马走人。"在这样的情况下，老板才勉强收留了我。

当时的我与其说是被生活所迫让我追求成功，不如说是那个老板的拒绝点燃了我要成功的欲望。

在工作中我遇到很多困难，但我从来没有放弃过。我将这一切归于我自己的努力还不够！我要永远比别人多做一点，再多做一点。别人每天拜访5个客户，我就每天拜访10个、20个甚至更多……一个月以后，我不仅留了下来，而且为公司创造了70多万元的销售额……一年以后我准备辞职，开创自己的事业，不仅原来的老板再三挽留，甚至有其他企业甚至开出了高额年薪聘我去做总经理，但想想自己那个成功梦，这一切都被我婉言谢绝了……

现在回想起来，当初支撑我努力拼搏成功的，是一个最简单的问句，就是：为什么要比别人差？

是的，有太多太多的"为什么"啃噬着我的心灵，让我从灵魂中发出一声声歇斯底里的呐喊："生当作人杰。"我不要屈辱地活着，我不要做生活的乞丐！我要成功！我要拥有我梦想中的一切！

时至今日，我仍然记得我当初的誓言，我没有忘记心底最深耻辱的记忆。它们激励着我，使不断地挑战自我，去冲击生命中一个又一个的高峰。

成功很难？告诉你，成功难，可是不成功更难！

只要我们注意观察，就会吃惊地发现，那些挣扎在生活在贫困线上的人，那些用健康、犯罪，甚至是生命来换取生活中最基本需要的人，那些忍受着别人轻视的眼光，那些忍受着因不成功而带来的悲惨境遇的人，他们的心理压力会小吗？他们的日子很舒服、很自在、很潇洒吗？当然不是！有的人不肯付出一时的努力去争取成功，去换取一生的幸福，却甘愿用尽一生的耐心去面对痛苦。而那些勇于追逐成功的人，他们有梦想并敢于为自己的梦想去拼搏和奋斗，他们不仅赢得了安逸的生活，拥有世人的崇拜和羡慕，甚至，可以去办孤儿院、福利院，参加任何一种慈善活动，用爱心回报社会。

你可以不去追求成功，安于现状，但生活总有波折，你的生活并不会因此而轻松；如果你追求成功，你的生活会因此而变得更美好。成功意味着能追求生命中更大的快乐与满足。当然，你有权利选择你要的生活。

这是一个积极进取的时代，是一个造就成功发挥才智的时代！你不会生不逢时，你是英雄就不会无用武之地。当代社会根本不存在"怀才不遇"，就看你能不能抓住机遇、选择卓越。怕只怕，当机遇出现在你面前的时候，你没有足够的准备与勇气去追求，你不是个"英雄"。

人生最大的悲剧就在于梦想的消失。梦想是蜘蛛的翅膀，蚯蚓的双足；蜘蛛失去了梦想就不能在空中结网，蚯蚓失去了梦想就不能在坚硬的土层中穿行；一个人没有了梦想，没有了成功的希望，他的人生就降下了帷幕。人人都应该有一个梦想，梦想点燃了成功的欲望。让我们点燃成功的欲望，去拥抱成功的喜悦与生命的丰盛吧！

第 1 章 精彩的人生由我们自己决定

◎ 人生之路规划在先 ◎

> 我们不知道生命的长度，但是我们可以扩展生命的宽度，如何在有限的生命当中创造出无限的可能，让生命绽放出成功的火花，这就是生命规划所要解答的问题。

　　人生的阶段规划相当于我们不断地重复和巩固自己树立的远大志向，并使这个志向的可实现性不断增强，进而这个信念就会深入到我们的潜意识当中，遵循阶段性规划行事，更有利于人生整体规划的实现。即使我们自己偶尔没有行动，我们的潜意识也会督促我们行动，我们迈向胜利的脚步会加快，我们的头脑会更清晰，我们对自己想要的会更有占有欲。

　　其实，远大志向的实质就是要对自己的人生有一个较为明确的、以成功为目的的规划，我们可以对这个规划进行从整体到区域的划分，进而细化到每一年、每一月，甚至是每一日的目标。

　　天生我材必有用，在拥有生命之初我们就需要意识到生命是上天的恩赐，因为生命无所不能，既坚强又柔韧，既充满张力又富有内涵，既安静又活泼。但同时我们也应该意识到，生命没有彩排，每天都是现场直播。我们不知道生命的长度，但是我们可以扩展生命的宽度，如何在有限的生命当中创造出无限的可能，让生命绽放出成功的火花，这就是生命规划所要解答的问题。

◆20 岁以前

　　20 岁以前大部分人的人生经历是读书升学，完成基本教育。这段时间是人生中最有益于学习的阶段,选择读书,就是选择了一个好的开始,"书到用时方恨少",能够多读就多读,能够掌握多少知识就掌握多少知识。而且青春易逝,我们必须珍惜年少时光,尽量获取更多的社会知识,让我们进入社会的时候不至于感到不适应。同时,在这个阶段最好树立下自己终生奋斗的方向和目标。

◆ 20~25 岁

这个阶段要开始懂得掌握与规划自己的未来。在我们满18岁那天我们都是喜悦的,因为在这一天意味着我们已成年,在法律上得到了更多的权利,但权利与义务永远是对等的,我们肩负了更多的责任。这一时期是喜悦、矛盾与痛苦交战的时期。喜悦来自于开始被赋予一些自主权,矛盾来自于与父母割不断的"脐带关系",痛苦的原因是要面临各种挑战。我们不得不要开始为自己的未来规划,掌握自己人生的主控权。我们还需要学会处理人际关系,多认识好的朋友,在你的人生中,这些朋友都将会对你有帮助。

◆ 25~30 岁

我们像一块吸水的海绵,吸收的多可被压出来的才多。努力汲取知识,学习经验,不断自我成长。这时候我们无需看重自己的工作重要与否,期望的薪水待遇是否满足我们的虚荣心,就连升迁调职都需要仔细权衡。年轻是我们的资本也是我们的短处,没有经验、资历、社会资源不多,所以这个阶段的我们该做的是领取别人的薪水,学习更多的知识、积累更多的经验,付出努力,为自己未来的发展创造条件。多交良师益友,他们的教导提携,可以使我们在成长路上少走弯路,多走捷径。

◆ 30~35 岁

到了这个阶段,我们要能够判断机会、决定事业取向;抓住机会,不再有尝试错误的心态。这个阶段不光只执著于手头,更应该看重远景,清楚我们要面对的是宽广人生,而非局限于自我。这个时候我们需要管理好自己的时间,顺利地转化心境。

◆35~40岁

大多年轻人在这个阶段已经摘取了阶段性的成功果实,这时期的人们需要明白一些以前没有明白的道理,如生命的质量。无论现时的我们有多风光,有多大成就,我们仍要了解成功的终极意义——工作,不应该等于人生。比起工作,人生才是需要经营一辈子的事,试问人间真情、健康、智慧、财富、自我成长和由我们自己支配的自由时间,这些我们获得了多少?我相信没有人愿意放弃其中任何一点。它们是促使我们前进的终极动力。宁可为成功而忙碌,不要因忙碌成功而失去人生中宝贵的元素。

规划前需自我分析。人生规划之前需要自我分析,只有清楚地了解自我,才能树立适合自己的目标规划。分析和了解自我需要付出一定的时间成本。在此作以下几点基本分析:

◆个人志趣分析

自我认识需了解自己的思想和情绪,要认真地、实事求是地分析自己的兴趣爱好,表达自己内心真正的想法和愿望,清清楚楚地找出对自己来说有坚持的意义和有价值的东西。

◆社会需求分析

人具有群体性,作为社会的一分子任何人都不能脱离社会而孤立地存在于世上,个人的发展必须以社会的某些客观条件为前提,成功幸福的人生往往符合主流社会的发展。个人人生的价值和意义,只有放在广阔真实的社会背景之下,才能显示出真谛。

◆家庭需求分析

成功的人生需要家庭的支撑,同时家庭对个人也有它的需求。尤其对于中国人来说,家庭对人生成功和人生成功对家庭来说都具有十分重要的意义。当然,事实上我们可以对家庭需求进行多种处理方法:你可以选择独身,也可以选择对于双方来说都有意义的婚姻。但不能因为家庭的需求,束缚或牺牲自我发展的基本方向。

◆个人SWOT分析及人生定位

家庭、社会、个人三点构成了我们分析自我的三个维度。如果我们把家庭纳入社会范围,那么个人和社会就可以简化成两个维度来加以考虑,我们就可以对自己的人生施行一次战略规划常用的态势分析法。态势分析法是由美国大学教授在20世纪80年代提出。态势分析法的英文缩写为SWOT,这四个字母分别代表:优势(Strength)、劣势(Weakness)、机会(Opportunity)、威胁(Threat),然后你可以根据这四个条件给自己做个切实可行而又具有挑战性的人生定位。

总之,有志向、有梦想的人生总比那些没有追求、没理想的人生来得更加精彩和让人渴望,有条理有规划的人生也更有可能帮助我们得到我们所想要的,最终将我们渡向成功的彼岸。

如果你想要取得成功,那么从现在就确定和实施属于自己的人生规划吧!

第 2 章
最大的风险并非冒险

著名文学家冰心曾说:"成功的花儿,人们只惊羡它现时的明艳,却不知道它当初的芽,浸透了奋斗的泪泉,洒遍了牺牲的血雨。"人们注注注重表象却忽略过程,不敢于拼搏、不愿付出与牺牲的人只能注定平庸。正如一枝绝美的花生长在悬崖峭壁之上,只有独具智慧的冒险家才可以把它摘取,平庸的人只能望花兴叹。

◎ 冒险是一种勇气 ◎

贸然地想只身游过大海的人和老是想等到海水结冰后才从上面走过去的人，一样的愚蠢，而聪明人则会运用自己的勇气和智慧驾船渡到海的对岸。他们知道勇气与智慧是成功之舟最坚实得力的船桨。

"勇气"在白手起家的富豪们的发展过程中扮演着重要的角色。因为他们必须冒险，包括承担因各种冒险而带来的投资的风险；企业高级主管也需要有冒险的勇气，因为他们必须推出新的产品，创造新的销售纪录，而推出的产品有可能无法达到损益平衡，无法刷新销售纪录，到时又会怎样？此时就需要勇气来决断。收入愈高的人愈有可能是创业者、专业人士、高级主管、专业推销员等这些具有勇气的人。

想要做成功者就要有创业的勇气，需面对风险的勇气，因为风险与机遇并存，当风险来临的时候，正是考验你是否有勇气抓住机遇的时候。面对投资，没有勇气的人往往是最后投入，遇到短暂的回档整理，又第一个杀出。勇气的大小决定了他们得到的多少。

面对创业，许多人不敢冒险，他们宁愿领固定薪水，过安定有保障的日子。因为人们总有太多顾虑，顾虑没有盈利怎么办？没有业务，资本耗尽怎么办？创业失败无法养家糊口怎么办？遭到亲戚朋友甚至邻居的冷眼怎么办？正是被这种害怕的心理所束缚，所以，很少人有勇气迈出创业的第一步。

其实，失败的风险无所不在。领取固定薪水的人也会有失业的风险；有只有

第 2 章　最大的风险并非冒险

唯一的收入，永远没有机会学习如何作决策的风险；有赚得再多，都会被老板拿去的风险。如果你想获得更多财富，就必须有勇气承担风险，不怕失败。

事实上，成功致富是一种心智游戏。百万富豪经常不断提醒自己发财的好处，想发财就要冒险。勇于尝试风险除了有助于企业的发展、壮大，还有助于个人的成长。风险无非带来两种结果：成功或失败。如果你成功了，你的人生可以提升至新的高度；就算你失败了，在此过程中你所学习到的经验教训，也有助于人生事业的成长。

鼓励尝试风险的社会环境，有助于培养个人勇于进取的精神，有助于提高个人对市场变动的敏锐感。一位日本专家指出：人类在长期的历史进程中，勇于冒险让我们学到了很多智慧。拥有很多智慧，就能给我们以更大冒险的可能性。

但是，即使有可能性，也不能断定所有的人都敢于冒险。因为随着智慧的无限增多，人们对即将到来的危险看得越明晰，就越容易产生胆怯心理。从而不会轻易朝不明确的目标前进。但等你一切都调查好之后再尝试时，失去的就不仅仅是机遇，还有你尝试新鲜事物的勇气。那么我们该如何看待冒险精神呢？作者的观点是：如果我们每天的生活都是一样的，那么生活中的一年与一天又有什么分别？如此，再长的生命也会显得短暂和毫无价值。

裹足不前，举棋不定乃至谨小慎微并不是现代人的品质，这些只会使你在瞬息万变的社会竞争中被淘汰。

如果你想成功，不仅要不断地学习和实践，还要永远保持冒险精神。在人类社会中，发现新的世界，创造新的环境，冒险精神的作用无疑是巨大的。同时，具有良好的判断力才可将冒险引导至正确的方向，勇气才能发挥其应有的作用。在社会发展进程中，当旧的生产关系不能适应新的生产力发展的需求时，旧的制度就必须被改革。而促成这种改革的本身就是一种很大程度上的冒险。同时具有独特的思考能力和妥善处理问题的能力，是冒险的重要因素。要知道，如果某人是一位优秀的探险家，那么他同时也是一个深谋远虑的人。

1877年,17岁的弗罗曼只是在剧院里当售票员。而38年之后却被誉为"世界娱乐界之王"。"他掌握着世界上几十个大剧院的命运,任何国家的演员在他的公司里都可人尽其才,他成了戏剧界无可争议的拿破仑。"

弗罗曼之所以在事业上取得了异常的成功,是因为他当初勇于承接了一部名为《孙南多》的在波士顿公演失败了的戏。当时欧洲三大著名剧院的经理都不敢接这部戏,认为它不会再次成功。但是,弗罗曼却凭借自己的勇气、独到的判断力和远见卓识买下了它,并最终因这部戏造就了他的成功。

他的故事给我们的启示就是:一个人之所以成功,是因为他能将准确的判断力和大胆的冒险精神两者有机地结合起来。两者缺一,就不能取得胜利。如果弗罗曼只有冒险精神,而没有良好的判断力,就只是匹夫之勇,最终难成大器;如果他有良好的判断力,但是不敢或者不愿意去冒险,那么他的成功只能永远停留在想象之中。

太平洋汽船公司的总经理海涅斯讲过一个例子,证明了一个人如果没有判断力,再好的卓识归根到底也是无用的。他说:

"几年前我到一个大公司的总经理的办公室里去谈生意。谈论过程中,他的一个助理研究员给他送来了一份任何人看后都为之惊叹的研究报告,那个助理研究员将一个复杂的问题分析得异常之精确,他设计了多种方案,并预计了每种不同方案可能带来的不同的结果。整个研究报告像玻璃一样清晰透明。我对此人表示了异常的钦佩。但我的朋友却笑着说:"他永远都只能做我的助理,因为他不能决断。他可以告诉我做某件事情的多种处理方法和每种方法可能产生的结果。然而,当我真正让他自己决定走哪条路好时,他却办不到。"

海涅斯的话是对的。一个人能够看出6条不同的路,但是,对于任何一条路都没有勇气做出是否要走下去的勇气,那么,他是不会取得大的成功的。

美国著名管理学家斯威尼曾说过为了产生创新思想,你必须具备:(1)必要的知识;(2)不怕失误、不怕犯错误的态度;(3)专心致志和深邃的洞察力。如果你缺乏冒险的勇气,总是要等到事情万无一失的时候才作出决定,那么你就有可能永远停滞不前。

◎ 冒险与机遇并存 ◎

> 大仲马曾说过:"谁若是有一刹那的胆怯,也许就放走了幸运在这一刹那对他伸出来的香饵。"冒险使人胆怯,机遇就是那个因胆怯而失去的香饵。可见冒险与机遇并存,只有不畏冒险的人才能得到命运的香饵。

在西点军校的军规中,有一条便是敢于冒险。

每一位西点学员都需要具有冒险精神。用"冒险"这个词去概括西点军人克服困难时所表现出来的品质,恰如其分。毕业于西点军校的罗文中尉在三个星期的冒险传奇中,尽管处处面临绝境——一道道深沟险壑和敌人的阻击,但他知道不去冒险人生就不可能达到卓越,危险与机遇是并存的。

人或多或少都带有与生俱来的冒险特质。小的冒险可以是只做一点异乎寻常的事,如到具有神秘感的地方去探险。这种冒险确实不怎么惊天动地,但对于塑造人格却大有帮助。人生不如意十之八九,平时有意地进行一些冒险训练,可以让你在面对突发状况时有一定的心理准备。

为什么有的人在公司的某项计划失败、财力耗尽的时候,还能保持镇定?原来在此之前,他经历过一次比这更大的险境,现在的情况与当时相比实在微不足道。从那次冒险中他领悟到:一项计划的失败或财力的损伤,并不至于让自己一无所有。

人的一生中时不时会冒出逃避的念头，但是在不伤及自身元气的情况下冒点险，出点新奇的点子，自己还是会受益良多的。但究竟如何尝试新的冒险计划，而且一旦失败该如何料理残局，这些都是应该深思的问题。

有这样一位年轻人梦想开一家自己的汽车经纪公司。但他自己却缺少这方面的经验，经过考虑他决定先在一个汽车大经销商处打工，不断学习业内商业经验。

三年后，这个年轻人摸熟了这一行的门路，于是离开了那家公司，开始他自己小小的中古车买卖事业。在短短的两年之内，他就成为一家很大的汽车制造商的指定代理。这个年轻人把自己的经验告诉别人时说："我的第一份工作不仅为我提供了学习的机会，也让我确信早年所梦想的事业真的适合我自己。"这一点许多人没能事先发觉，就是因为不敢冒险尝试，以致在自己并不喜欢的事业上浪费太多时间与精力。

每个人都想当老板，但必须通过承受风险这一关。而且，对于风险，经历一次是失败，经历两次就叫做经验，认真总结失败的原因，从中汲取经验教训就更接近成功。不然，冒险就会变质，变成世上最痛苦的事。人生每个层面多少都带着一点冒险，生活的趣味也源自于此。

美国一位58岁的农产品推销员所发现，他以不同品种的玉米做实验，终于培育出了一种加工以后口感清脆、疏松的爆米花的理想的玉米品种，可是没有人肯买，因为成本太高。

他向生意人推销自己的玉米品种："我知道只要人们一尝到这种爆米花，就一定会买。"而他们说："既然你这么有把握，为什么不自己去销售？"

有人会想：他这个年龄，冒这样的险值得吗？但这位老人并没有迟疑，他请了一家营销公司为他的爆米花设计好名字和形象。不久，这种名为"美食家"的爆米花就在美国各地销售了。今天，它是全世界最畅销的爆米花，而"奥维尔·瑞登巴克"也成了家喻户晓的名字。这一切完全是瑞登巴克甘愿冒险的结果，他用了自己所有的一切去做赌注，换来了他的成功。

近年来，很多企业提出了一些与传统观念相反的创新思想。例如：对企业聘用的管理人员，如果在聘用一年内不犯"合理错误"，将被解雇。这里所说的"合理错误"，是指受聘的管理人员，要在经营管理公司事务过程中勇于开拓创新，面对商业机遇敢于冒风险去争取。如果受聘员工不犯这种"合理错误"，则说明这个人缺乏冒险精神，是一个平庸保守、不敢进取、毫无建树的人。要知道有时候你在工作中因逃避风险而丧失的机遇要比捕捉到的机遇多得多，这对企业造成的损失是无可估量的。

工业和体育运动方面的先驱詹姆森·哈代，总是喜欢去冒险，他身边的朋友和同事总是认为他是一个满脑子怪念头的"傻瓜"。因为他总是敢于冒险，挑战别人认为不可能的事情。

当他在一次读报过程中知道了电影的原理后，他产生了一个新的念头，那就是让片盘胶片上的画面一次只向前移动一幅，以便让教师在课堂上有充足的时间向学生详细阐述画面所反映的内容。不仅如此，他经过反复研究和实验，又成功地实现了让画面与声音同步进行的发明，从而创造了真正的视听训练法。正是由于他敢于去冒险，才抓住了机遇。被当今社会公认为"视听训练法之父"。

哈代的冒险精神，在他的一生中体现在多个方面，他曾两度入选美国奥运会游泳队，他曾连续三届获得"密西西比河10英里公开水域赛"的冠军。他几乎每天都要游泳，取胜的信念已经融入了他的血脉，他对提高速度简直着了迷。于是决心针对目前的固定的游泳姿势作出改革。但当他把这种想法分别去告诉两位游泳冠军时，却遭到了他们无情的嘲笑。其中一位甚至告诫他不要去冒险，否则可能被淹死。但哈代却说："我就要冒这个险去试一试。"

哈代再次决心去冒险。他不断地挑战传统的游泳姿势，把长期以来一直固定不变的游泳姿势做了大胆的改动，使游泳的速度极大提高，从而发明了现今的自由泳，而哈代也并未因此淹死。为此，哈代又被誉为"现代游泳之父"。

正是因为这一个个的传奇故事和他一次次无畏的冒险精神,喜欢他的人们都把他叫做"虎胆老头"。

一位著名哲学家说过:"冒险就要担忧发愁,但是,不冒险自己就会失落。"求稳也不能失进取,而胜在险中求,事实证明,开拓创新的过程中,冒一些险是必要与值得的。

当今社会是一个风险与机遇并存的社会。一个人要想在激烈竞争的社会中求得生存就不能故步自封。必须有冒险的精神,只有敢于探索、敢于创新的人,才能抓住机遇,才更容易取得事业上的成功。

◎ 冒险就是要放手去做 ◎

一个理性的动物就应该有充分的果断和勇气,凡是自己应做的事,不应因里面有危险就退缩;当他遇到突发的或可怖的事情,也不应因恐怖而心里慌张,身体发抖,以致不能行动,或者跑开来去躲避。

住在英格兰小镇上的杰克非常向往大海。终于一次偶然的机会让他来到了海边,那天海上正刮着寒冷的海风,大海无情地翻滚着,咆哮着。他忽然感到了失望,心想:这就是我向往已久的大海吗?我再也不要喜欢海了,看来幸亏我当初没有当一名水手,如果是的话那真是太危险了。

他与海岸上遇见的一个水手交谈起来。

"你怎么会当水手呢?"杰克问,"海上波涛汹虐,狂风大作,当一个水手岂不是很危险?"

第 2 章　最大的风险并非冒险

水手说:"海不是经常这样子,它温暖明亮的时候相当美丽。当一个人热爱他的工作时,危险对他来说根本不算什么,不仅是我,我的祖父、父亲、哥哥他们都爱海。"水手说。"那你的父亲现在在何处呢?"杰克问。

"他死在海里。"

"你的祖父呢?"

"他死在大西洋里。"

"那你的哥哥呢?"

"当他在印度的一条河里游泳时,被一条鳄鱼吞食了。"

"既然如此,"杰克说,"如果我是你,我就永远也不到海里去。"

水手只是笑了笑,对杰克问道:"那你愿意告诉我你父亲、祖父他们都死在哪儿吗?"

"啊,他们都死在床上。"杰克理所当然地说。

"这样说来,如果我是你,"水手说,"我就永远也不到床上去!"

一位哲人曾说过:"在懦夫的眼里,干什么事情都是危险的;而热爱生活的人,却总是蔑视困难,勇往直前。"

冒险意味着尝试新的、未知的事物。我们无法预测结果如何,那么恐惧就是面对未知时的正常反应;但心里恐惧却依然冒险,这就是冒险的真谛。最佳的冒险者只会问:"我有什么可损失的呢?"他们的心态是:就算不能成功,但至少我已尝试。法国作家纪德曾说过:"若不离开海岸,是永远不可能发现新大陆的。"这句话的本质意义就是——冒险就是放手去做。你应该大胆些,再大胆些!只有大胆才敢于冒险,敢于行动,才能将自己的目标完成得更好。

果断行事的品质是日积月累培养起来的,它是你自身优秀的品质。当然,挫折与失败存在于开拓人生的每一过程中,光有勇气也并不能完全确保成功,但尽力而为后失败了的人,总比那些不去努力坐等失败的人好得多。

美国一位非常成功的经理斯蒂芬是一个行动能力很强的人。有一次,有人问他是否相信"三思而后行"这句话时,他答道:"不,这个公理的麻烦之处就在于你考虑得太久、太多,你就永远也行动不了了。"有人声称,人们对安定舒适生活的过分依赖,是人们抓住机会的障碍,积极创造,起因于人们缺乏物质享受而作出本能的追求的反应。一位哲人说:"我相信人们会致力于寻找新的、更具挑战的事情去征服世界。当我还是个小男孩时,一位先生参观我们班级后说了几句永远不会让我忘记的话:'许多天才因缺乏勇气而在这世界消失。每天,默默无闻的人们被送入坟墓,他们由于胆怯,从未尝试着努力过,他们若能勇敢地行动起来就很有可能功成名就'。行动起来,你会发现你的能力比你想的要强得多。"

瑞典化学家诺贝尔的研究课题是烈性炸药。在一次次的实验中,他的弟弟献出了生命,父亲变成了残疾人,哥哥也身受重伤,只有他还幸免于难。在这些代价面前,他从未退缩,而是大胆放手去做。一旦机会光临,他仍然会死死抓住不放。

制作烈性炸药需要硝酸甘油,但它的稳定性差,与空气接触极易发生爆炸。说来也巧,有一天,诺贝尔意外地发现从有裂缝的甘油罐中流出来的液体,和罐子缝隙里的硅藻土混合成固体后却没有发生爆炸。这个有益的线索对诺贝尔启示很大。他抓住这一点进行实验,证明硅藻土是一种能吸附3倍于自身重量的硝酸甘油仍保持干燥的土壤,在它吸附硝酸甘油后还能将其模压成型,但它的爆炸力和纯净的硝酸甘油相等。这样,他就发明了一种既有强大威力又安全可靠的烈性炸药,从而使烈性炸药得到了广泛的应用。

揭穿雷电秘密的富兰克林也是一个勇敢的实践者。

一个电闪雷鸣刮着大风的雨天,富兰克林冒雨在野外进行捕获雷电的实验。他的实验道具是一只顶端安了铁针,握在手里的绳子的末端还拴着一把铁钥匙的风筝。他对风雨和即将到来的危险毫不在意,而是全神贯注于他的手。当闪电划过的瞬间,他感到自己的手麻麻的,他意识到这是天空的电流通过湿绳子和铁钥匙导到了自己的手上。他高兴地大叫:"天电捕捉到了!"

我们纵然有成功的欲望,如果不敢冒险,不敢去尝试,又怎么能够成功?

成功者不光有着异于常人的眼光与胆识,并且勇于行动。古人说:临渊羡鱼,不如退而结网。在美国,福特看到500美元的平民T型车的市场,台湾的王永庆先生以长庚医院进入医疗体系以及他投资石化工业的做法,这些都是最好的实例。人类文明的发展与科学的进步总是由少数人开创出来的,因为他们有胆识和并且勇于行动。

索尼公司创始人盛田昭夫当年开发随身听亦有同样的经验。当初,他看到人们为了能时时听音乐,而不得不手提笨重的录音机和一副标准配备的耳机到处走。他灵机一动,为什么不设计一款小巧方便的、有助于人们随身携带的音响产品呢?

由此,"随身听"的构思产生了。当产品设计好后,公司竟然以它不具备录音功能担心会卖不出去,不赞成上市。盛田反驳说:"汽车音响也不能录音,但却有上百万人买它。"而后事实证明,随身听很受欢迎,几年间的销量就达到了2000多万台。经过这次宝贵的经验,盛田深深体会到成功者应有胆识,要勇于冒险。

盛田认为,进入市场重要的不只是市场调查,而是想办法开发创造市场。只有勇于冒险,放手去做的人才有可能建立伟大的事业。

◎ 最大的危险不是冒险 ◎

最大的危险不是冒险,而是因惧怕冒险而停滞不前,放走机遇,甘于平庸,把自己局限于牢笼,一生不能卓越的危险。

著名冒险家利奥·巴士卡利雅说:"希望就有失望的危险,尝试也有失败的可能。但是不尝试如何能有收获？不尝试怎么能有进步？不做也许可以免受挫折，但是也失去了学习或者爱的机会。一个把自己限于牢笼中的人，是生活的奴隶，这无异于丧失了生活的自由。只有勇于尝试的人，才拥有生活的自由，才能冲破人生难关。"

这正是他对自己人生的总结。小时候的他常被人们告诫一旦选错行，梦想就不会成真；还说他永远不可能上大学，劝他把眼光放在比较实际的目标上。但是，他没有因这些人的恐吓而放弃自己的梦想，他不但上了大学，还拿到了博士学位。当他决定抛弃现有的教职工作去环游世界时，人们说他最终会为此后悔，并且失去拿到终身教职的机会。但是，他在环游世界回来后不但找到了一份更好的工作，还拿到了终身教职；当他决定在南加州大学开办"爱的课程"时，人们警告他会被当作疯子。但是，他还是开了这门课结果改变了他的一生，他不但在大学中教"爱的课程"，还被邀请到各大广播台、电视台举办爱的讲座，从而家喻户晓，被美国公众称为"爱的使者"。他说："每件值得的事都是一次冒险，怕输就会错失游戏的意义。冒险当然有可能带来痛苦，可是不去冒险的空虚感更痛苦。"

我们试与不试，时间都不会停下它前进的脚步。不试，什么也没有；试，虽然有风险，但总会有收获。这里有一个让我们能鼓起勇气来尝试的思维方式，即：可能发生的最坏的结果是什么？当你经历后就会发现最坏的结果也不过如此。如果你不去尝试则一无所有。

柯德特在纽约市一家公司里有一个舒适的职位，但是他想自己当老板，去做生意。他问自己：如果失败了，最坏的事情是什么？他立马想到了倾家荡产。继而他又想：倾家荡产后会怎么样呢？答案是：他不得不干任何能得到钱的工作。之后，最可能的结果又是他厌恶这种工作。最终，他还是会摆脱这种工作，选择去经营自己的生意！既然跳不出这个圈子，那为什么不大胆一试呢？柯德特打定主意之后就立马行动起来，最终在自己生意上获得了成功。

第 2 章　最大的风险并非冒险

他总结说:"你的生活不是试跑,也不是正式比赛前的准备运动。生活就是生活,不要让生活因为你的懦弱而白白流逝。无论你选择怎样的岁月,它终将过去。只有大胆选择了你想要的,你才配说你已经活过了这些岁月。""随波逐流也是一种选择——但绝不是最好的一种选择。"

当我们选择尝试时,就会有危险,但最大的危险不是冒险,而是我们不想去冒险从而选择平庸。一位名人说过:"我们必须去做自以为办不到的事。"这样才能不断发掘自己的潜力,找到最适合自己的事业,并冲破人生难关迈向辉煌。

成功者最大的特点就是,具有冒险实践的意愿。有进取心的人和普通人最明显的差别就在于:进取的人在态度上勇于冒险,且具新观念;而普通人趋向于玩些安全的游戏。如果一切都在计划之内、意料之中,也就不是"冒险"了。"冒险"只有在无法确定的复杂情势下才发挥它本身的神奇魔力。

说到冒险精神,人们就会联想到发现美洲新大陆的哥伦布,冒险精神在他的一生中都不曾被遗忘。

在求学时哥伦布从毕达哥拉斯的著作中知道了地球是圆的这一学说,他就牢记在脑子里并长时间思索和研究这个理论是不是正确的。最后他大胆地提出,如果地球真是圆的,他便可以经过极短的路程而到达印度,为此他决定亲自冒险一试。

然而,当时有许多自以为有常识的大学教授和哲学家都嘲笑他,他们觉得,他想向西方行驶而到达东方的印度简直就是痴人说梦。他们认为地球不是圆的而是平的,如果哥伦布一直向西航行,那么他的船将驶到地球的边缘而掉下去。

哥伦布虽然对这个问题很有自信,但他家境贫寒,没有钱让他去实现这个理想。那些曾许诺会借钱帮他的人,没有一个兑现自己的诺言,他们让一心想要实现自己理想的哥伦布空等了 17 年,最终还是失望。当时将近 50 岁的哥伦布痛苦至极,只想进西班牙的修道院了却残生。

正在这时候,罗马教皇却帮哥伦布向班牙王后伊莎贝露建议资助哥伦布。

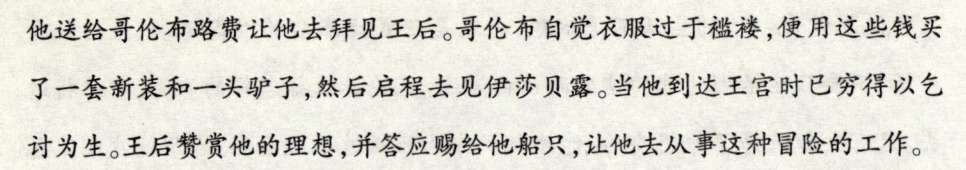

他送给哥伦布路费让他去拜见王后。哥伦布自觉衣服过于褴褛，便用这些钱买了一套新装和一头驴子，然后启程去见伊莎贝露。当他到达王宫时已穷得以乞讨为生。王后赞赏他的理想，并答应赐给他船只，让他去从事这种冒险的工作。

没有水手，哥伦布就鼓起勇气跑到海滨，捉住了几位水手，先向他们哀求，接着是劝告，最后用恫吓手段逼迫他们去。另一方面他又请求王后释放狱中的死囚，并许诺他们如果冒险成功，就可以免罪恢复自由。

1492年8月，哥伦布终于率领3艘船和约90名水手从西班牙的巴罗斯港出发开始了一次具有划时代意义的航行。

刚航行几天，就有两艘船破了，接着他们又在几百平方公里的海藻中陷入了进退两难的险境。当他们终于冲出海藻，得以继续航行时，船上的水手却不想继续下去了，他们要求返航，否则就要把哥伦布杀死。哥伦布兼用鼓励和高压两种手段，总算说服了船员。

天无绝人之路，在浩瀚无垠的大西洋中航行了69天以后，他们终于跟着一群向西南方向飞行的飞鸟，到达了旅途中的第一个陆地，就是现在的巴哈马群岛。当他们起航返回欧洲的时候，又遇上了四天四夜的大风暴，船只面临沉没的危险。在这十分危急的时刻，哥伦布为了不把这一新发现同自己陪葬于大海，他将航行中所见到的一切写在羊皮纸上，用腊布密封后放在桶内，准备在船毁人亡后，将这一发现告知于世人。

哥伦布他们最后总算幸运地返航，向世人公布了这一伟大发现。哥伦布的探险成功了。

古人崇尚"稳中求胜"，认为"凡人世险奇之事，绝不可为。或为之而幸获其利，特偶然耳，不可视为常然也。可以为常者，必其平淡无奇，如耕田读书之类是也"。可是，随着时代的发展，这种思想已明显落伍。机遇与成功往往存在于危险之中，只有敢于打破传统框架，敢于冒险，才能发现机遇，如果一味求安求稳，不去冒一点风险，那才是最大的危险，永远不会取得人生的成就。

第 2 章　最大的风险并非冒险

◎ 敢于冒险是智者的特质 ◎

蔺相如完璧归赵,传千古佳话;张骞出使西域,开辟丝绸之路;玄奘西天取经,弘扬佛法;李时珍尝遍百草,终著医典《本草纲目》。这些大智大勇之人敢于冒险,为后人留下了宝贵财富。

中国古代有一个"完璧归赵"的故事。说的是赵国惠文王得到价值连城的美玉"和氏璧"后,事情很快被秦国昭襄王知道了。秦王想得到美玉,于是就派使者带了国书去见赵王,说情愿拿出15座城池交换和氏璧。赵王便召集大将军廉颇和其他大臣商议此事,可商量了半天也没有结果。事情之难在于,赵国弱小,秦国强大。如果答应秦王,多半是上当而得不到城池;若不答应,又怕秦军以此为借口来攻打赵国。赵王不想失去美玉,又不想因小失大。此外,也没有人能担当答复秦王的使者。就在赵王左右为难之际,宦官长缪贤的门客蔺相如说话了:"吾王,秦国说用城换璧,如果我们不答应,那么错在我们,他们就会借口来攻城;如果我们交了璧而秦不给城,那么错就在秦国,即使我们把玉拿回他们也没有攻城的理由。依我之见,答应秦国,让他们担当'因不交城而不守信用'的恶名。"

于是赵王问:"那你愿意出使秦国吗?"

蔺相如说:"可以。"并向赵王许诺:"秦若交了城,我就把璧留下;秦若不交城,我就把璧完整地带回来。"

于是,蔺相如出使咸阳,在偏殿向秦王献了和氏璧。

秦王非常高兴,自己看完璧后,又把它传给左右的美人和臣子们观赏,大家都赞和氏璧乃天下奇宝,却无一人提"交城"之事。蔺相如在一旁等了半天,知道秦王没有交城的诚意,于是,心生一计,就上前去说:"大王,此璧虽天下无双,却有一块不易觉察的瑕疵,请让我指给大王您看。"秦王不知是计,以为玉真有瑕疵,于是就把璧交给了他。

蔺相如拿到璧后,后退几步,背靠殿中的石柱,怒发冲冠地说:"当初,大王派使者送信来,说是情愿拿15座城来换这块璧,于是赵王诚心诚意地斋戒了五天,然后叫我送来玉璧。可是,大王却态度傲慢,先是不在朝廷正殿接见我,接着又拿了璧传给美人看,故意戏弄于我。我看大王您根本没有交换之诚意,所以不得不把璧拿了回来。如果逼我,我就将脑袋和璧同时撞碎在这根柱子上!"说完低头举璧,对着柱子就要撞。

秦王一见,急忙阻止,说:"来使稍安勿躁,马上就交城。"并把管图籍的官吏叫来,假装在地图上指指点点,要把某城某城割让给赵国。蔺相如知道,这不过是秦王欺骗的把戏罢了,便说:"和氏璧是闻名天下的珍宝。赵王送璧时曾斋戒五日,大王也应斋戒五日,并在大殿上备设隆重的九宾大典以示尊重,我才敢献上和氏璧。"秦王见蔺相如态度坚决,只好先勉强答应,叫人把蔺相如送到驿馆歇息。蔺相如知道秦王不会善罢甘休,为了和氏璧的安全,他当晚就派自己的随从人员,穿着破旧的衣裳,怀里藏着和氏璧,从偏僻的小道偷偷地将璧送回了赵国。

秦王斋戒五日后,果然又设九宾大典接见蔺相如,可当知道蔺相如已派人把璧送回赵国后恼羞成怒,立即喝令武士要把蔺相如绑起来。

蔺相如临危不惧,大喝一声:"大王且慢!天下诸侯谁不知秦强赵弱?如果秦国真的能先割15座城池给赵国,赵国立即派人把璧送来,绝不会为一块璧而得罪秦国。我深知欺骗了大王,请用刑吧。不过,我的话还请大王三思。"秦王想:即使杀了蔺相如,也得不到和氏璧,反而破坏两国关系,有损秦国声誉。于是放了蔺相如。

蔺相如是依靠自己的大智大勇最终将和氏璧完整地送回了赵国。从这个故

第2章　最大的风险并非冒险

事中我们还得到一个启发：那就是勇于冒险并不是所有人都做得到的，大将廉颇勇气盖世，为什么接不下这个差事呢？蔺相如完璧归赵的不只是和氏璧，还有他自己。可见敢于冒险是智者的特质。

一般情况下，人们总是把安全视为某种自由的保证，希望看到生活中没有任何意外和变故发生，认为这就会给你安全的感觉。但是，你是否感知到，在这种心态的背后隐藏着的让你感到不安全的因素，正是因为你太过看重外在的种种表象的安全，而经常感到忧虑，不敢去冒险，担心失去你的工作、住所甚至你的婚姻家庭。

这种心态，就导致了你希望安于现状而惧于冒险，它妨碍了你在生活中进行任何新的尝试，涉足新的领域，发掘生活新的可能性。生活本应有的激情、挑战、刺激、新奇的体验，这些都将会被这种安全要求驱散。生活是广阔博大的，如果你的生活永远保持现有的轨迹，那么你也就放弃了开拓真正的生活的道路。勇于冒险，越出常规，会使你尝试到现有生活之外更多的乐趣，扩宽人生的视野，磨砺、增长人生的智慧，只有这样人生才是完整的。如果你不去尝试，你也就停留在对外部世界永远无知的状态，不能锻炼出一个智者应有的特质。

你需要离开自己这个狭小的安全区，去发展真正牢固的安全感，那就是人生的智慧。一旦你拥有了智者的特质，泰山崩于前面而色不改，麋鹿兴于左而目不瞬，那么即使面对生活发生中的意外事件，你也不至于因此而担心自己的生活遭遇毁灭。

智者拥有好奇心，有了它的存在，人类才得以在不断探索新的领域中实现自身和社会的发展。好奇心就是冒险精神，是生活中进步和快乐的源泉。对于未知的事物不必心怀恐惧，如果你想让你的生活丰富多彩的话，那么就让你的生活多一些意外，多一些弹性。未来本身不可预知，何不打破规矩，突破桎梏，放弃"安逸"，去体验冒险给你带来的快乐与收获呢？

成功意味着冲破平庸，而其中的一条捷径便是——敢于冒险。

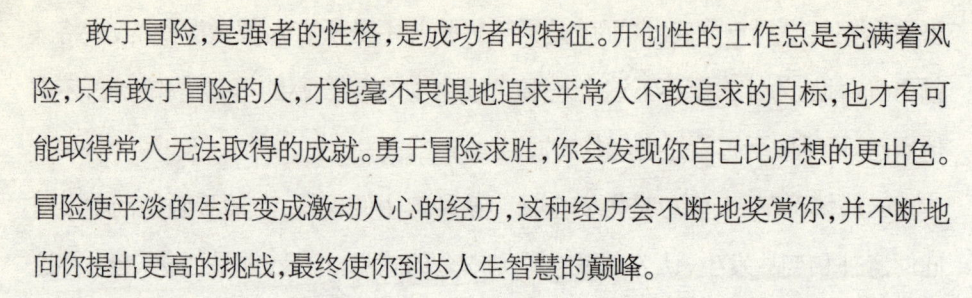

敢于冒险,是强者的性格,是成功者的特征。开创性的工作总是充满着风险,只有敢于冒险的人,才能毫不畏惧地追求平常人不敢追求的目标,也才有可能取得常人无法取得的成就。勇于冒险求胜,你会发现你自己比所想的更出色。冒险使平淡的生活变成激动人心的经历,这种经历会不断地奖赏你,并不断地向你提出更高的挑战,最终使你到达人生智慧的巅峰。

畏惧风险,王富洲就不会成为第一个从北坡登上珠穆朗玛峰的中国人;畏惧风险,莱特兄弟就不会成为将第一架飞机开上天空的人;畏惧风险,哥伦布就不会成为第一个发现新大陆的人。不去探索、不去开拓,就不会体验到冒险的刺激与成功的喜悦,其结果是永远也不会有所作为,甚至被时代所抛弃。

王富洲说:"英雄气概山河,敢笑珠峰不高!"莱特兄弟说:"我们飞起来了,我们成功了!"哥伦布说:"我有信心去走前人没走过的路!"

所有的智者都是冒险者,敢于冒险是智者的特质,如果我们想成就一番事业,就要向智者学习,去拥有敢于冒险的标签。

◎ 做人一定要有雄心 ◎

没有地位、没有财富都无关紧要,只要你有"雄心"就足够了。曹操称霸之前只不过是一个小小的校尉,但他怀着坐拥天下,傲视群雄的雄心,凭借自己的智慧谋略最终三分天下有其一,成就大业流传千古。

古代有一个财主,人们问他是怎么致富的时候,他说:"吃在碗里,看到锅里。"这则典故的本意是讽刺这个财主的贪婪。但在此文中我们将这一典故的意义引申至雄心的重要性。

每个人都有想要成功的欲望。而对成功的追求会随着人生阶段的不同和人生阅历的增长产生不同的定位。假设在创业之初,你的人生目标是在你的城市创建一个最大而且最成功的企业。但随着岁月流逝,你的资本、知识及经验阅历的不断增长,你会发现,早期的人生目标在不知不觉中被拓展了!你现在所想要创立的企业的梦想是全省或全国最大且最成功的企业了!

成功的前提是有明确的雄心。有的人在踏上新的历程时,无法确切了解自己究竟该走向何方,也无法完全清楚究竟该如何达到目标,这些都不重要,重要的是你根本不知道自己内心所想,所以你迷茫甚至浑浑噩噩。那么从现在起就确立你的雄心吧!不要想自己有可能不能完成;不要将你的雄心到处宣讲,以免得来那些不必要的嘲笑和质疑的眼神。雄心,它只是属于你自己的。知道自己想要什么,就有了前进的方向,内心明朗的向着你的目标出发,路上的一切困难都是小儿科。

一旦确立了就不要将它只停留在想法上。真理的王道是真实;成功的王道是行动。不然"雄心"只会沦为大话、空话、笑话。

在实现雄心的过程中不忘学习,学习永远是我们前进路上的助推器。活到老学到老,人生旅途的景观一直在变化,前进的路上会不断有新的景象。要能够随时掌握新的资讯,把握人生目标的进度与方向。即使有一天你不想向着你原来的方向前进了,你想调整或改变方向,这些新学到的东西也会对你颇有助益,它们会在你努力清扫路途障碍的过程中发挥作用。也唯有在我们朝梦想不断迈进时,才能从这些旧的东西里中解读出新的含义。

在实现雄心的过程中还得有耐心。在人生路途上,有些东西远看炫目,近看却平平常常;有些东西远看似乎拙劣,但愈靠近,却愈见其光彩照人。所以说人生没有定数,难以看透,可能每一步都有别样的风景。看你是否能够掌握人生的方向,不至于陷于"乱花渐欲迷人眼"的地步。

扩展你的雄心,有时候它会救你于水火。例如:一个制造电器用品的公司,连续多年,只在一个领域投入心力去开发一种产品,直到该产品成为这个领域的独占鳌头者。那么,当该公司所生产的产品不再为消费者所需要时,即是该公司宣告结束的时候了!原因是,该公司将一个非永久性需求的产品带进了一个有限的市场,而整个企业的成与败都依赖这一个产品。即使实现了在某一领域成功的雄心,但这一有局限的目标随时可能在某一时刻结束企业的生命。所以,我们要敞开心胸,接受新观点以及随时而来的新变化,放宽自己的视野,扩展你的雄心,充分发挥潜能,获得最满意的成就。也只有这样,理想的核心目标才不会孤立无援。不要让附属的目标影响或改变你最终的人生目标,它们的存在只是为核心目标提供服务,不是来改变你原有的方向。记住:你最终的目的只有一个。

只有勤奋不懈以及持久的耐心和明确知道自己身在何处时,我们的人生目标才不会被遗忘,梦想才不会过早地被粉碎,我们的雄心才更有可能实现。

人生在曲折中前进,从出发点到终点不可能是完美笔直的线,我们时而偏左,时而偏右,但成功的大方向是不变的。只有目标定得足够清楚明确,在前进的过程中,才能根据实际情况,将一切迂回曲折纳入我们的计划中。这样,在不断修正、去粗取精、此消彼长的过程中,向着我们的雄心逐步迈进,成功也就到来了。

没有地位、没有财富都无关紧要,只要你有雄心就足够了。曹操称霸之前只不过是一个小小的校尉,但他怀着坐拥天下,傲视群雄的雄心,凭借自己的智慧谋略最终三分天下有其一,成就大业流传千古。

所以雄心是成功的前提,一切想拥有成功的人都应具有的品质。在雄心中贯彻智慧和毅力;你的雄心越大,就会对目标越执著,你成功的机会就越大;只有这样,才会使我们离成功越来越近。

第2章　最大的风险并非冒险

◎ 寻找优秀的对手 ◎

每个人都需要一个优秀的竞争对手，为自己寻找一个强劲的对手并不是在为难自己，因为这个世界正因为有了对手的存在才精彩。

加拿大有一位享有盛名的长跑教练，在短时间内培养出了多名长跑冠军。感兴趣的人们开始四处打探他教导有方的秘诀，而调查结果却让所有人都瞠目结舌。原来成功秘密就在于他有一个与众不同的陪练。这个陪练不是人类，而是一只凶猛的狼。

为了使运动员们能始终保持良好的竞技状态，长跑训练是每天进行的第一课。这位教练一直要求队员们到训练场的途中不要乘坐任何交通工具。但是其中有一名运动员的家距离训练场并不是最远，却每天都是最后一个到场。看着这个不思进取的运动员，教练已经准备放弃，但突然有一天，这名队员竟然比其他人早到场了20分钟，而且是气喘吁吁地到达训练场地的。教练根据他离家的时间和距离训练场地的路程进行了计算，惊奇地发现他当天的速度竟然打破了世界纪录。于是，疑惑又惊奇的他向这名队员详细了解当时的情况。原来，这名队员在离家不到5公里的旷野偶遇一只野狼。当时他吓得不轻，撒腿就跑。而这只野狼像下定决心要抓住他似的拼命地在后面追。为了不落入狼腹，他只能发挥自己仅有的一点特长，直到将野狼远远抛在后面，确认自己已经安全无恙。

打破世界纪录仅仅是因为一只野狼——因为后面有一个可怕的夺命敌人，所以尽最大的努力向前奔跑，也就是说敌人能逼一个人将潜能最大限度地释放出来。教练对此颇有所悟。

不久，教练就请来了一个驯兽师，以控制狼在奔跑时不将学员咬伤。每到长跑训练的时刻，这名驯兽师就将狼从笼子里放出来，让他们追赶运动员。结果，为了自己的安全，队员们使出吃奶的力气开始奔跑，如此反复训练，他们的奔跑速度都有了大幅度的提高。

与这种做法有异曲同工之妙的是日本的游泳训练。

日本的游泳比赛成绩一度处于世界领先地位，其中独特的训练方法发挥了巨大的作用。一名到日本游泳训练馆考察学习的欧洲教练吃惊地发现，日本人在游泳馆里养着很多鳄鱼。百思不得其解的他在亲眼目睹了运动员的训练过程后终于恍然大悟。原来，当每一位运动员跳下游泳池之后，教练就会将一条鳄鱼放进水中。饥饿的鳄鱼一见到猎物就拼命追赶，尽管鳄鱼的嘴巴已经被紧紧地缠住了，但它所带来的心理威慑力仍不可小觑，运动员们会条件反射似的拼命往前游，久而久之游泳速度大幅提高。

由此可以看出，无论是加拿大人还是日本人，他们都掌握了同样的一个道理：敌人或者竞争对手的存在会让我们创造出连我们自己都不敢相信的奇迹。

在我们熟知的历史人物中，刘备和曹操是对手，周瑜和诸葛亮是对手，而诸葛亮和司马懿同样是对手。正因为对手的存在才有了光耀千古的丰功伟绩，有了丰厚多彩的历史画卷，有了让人津津乐道的人文典故；正是因为对手的存在他们才得到了不朽的光荣生命和世人的肯定。

每个人都需要一个优秀的竞争对手，为自己寻找一个强劲的对手并不是在为难自己，这个世界正因为有了对手的存在才精彩。体育比赛中通常会有这样三种情况：第一种情况是有一队轮空，可以直接进入下一轮的比赛，遇到这种情况，队员们往往会为自己不能痛快打一场而怅然若失；第二种情况：双方实力悬殊，比赛呈现"一边倒"的状况，队员们可能打得很轻松，但观众可不喜欢这种比赛，因为缺少了紧张刺激的比赛过程；第三种就是双方实力相当，比赛打得精彩纷呈,每个队员都要尽全力去应战,观众们看得津津有味,而在这样的比赛中队员们也才能学到更多的东西。由此可见,对手的存在是生活的恩赐,为自己找个强有力的对手是一个人积极进取、成熟的表现。当然,如果找个比自己强大太多的对手,那就是自不量力的表现了。

人往往都把竞争对手视为眼中钉、肉中刺,恨不得除之而后快,最好永远从地球上消失。事实上,有一个强劲的对手其实是一种造化、一种磨砺。古诗云"疾风知劲草",这句诗句不难理解,"疾风"既是"劲草"的对手,也是"劲草"的知己。劲草感恩疾风,是因为疾风赋予了劲草更加顽强的生命力。落花感恩流水,是因为流水让它看到了更加美丽的大千世界。

我们应感恩对手,因为强劲的对手让我们时刻都有一种危机感,时刻激发出我们的斗志,磨砺我们的品格。有了对手才会有竞争力;有了对手才不得不奋发图强,不得不革故鼎新,不得不锐意进取,要想成功,就给自己找个优秀的对手吧。

第3章
别给人生设限

恐惧与不安全感不是天生就有的，无论什么恐惧与不安全感萦绕着你，你都应尽最大的努力去克服它们。成功不是一件容易的事情，危机不可避免、阻碍不可避免，顽强的意志是你战胜它们的法宝，记住：心有多大舞台就有多大，跳出思维的局限你会飞得更高。

◎ 学会用信念战胜恐惧 ◎

> 恐惧是心灵天空里的一阵酸雨。它带来心灵、道德和理想的腐烂,甚至死亡,使人踟蹰不前,但有信念的人经得起任何风暴的考验。

有人问:"什么是恐惧?"恐惧最多只是精神的幻觉而已,因为在恐惧的背后缺乏现实的支撑!

我们因为恐惧,所以恐惧充斥了我们的生活,它像一个强有力的、时刻悬在人们头顶上的诅咒;它像一个张牙舞爪的魔鬼,想要征服所有的人。

它毁灭人的理想、削减人的勇气、扼杀了人的创新性,恐惧抹杀了人的个性,破碎的心灵能压断骨头,所以,任由恐惧肆意发展就是人类的无知,害怕恐惧则是人类的倒退。一个满怀恐惧之心生活的人不是一个真正的人,他只不过是一个傀儡,一具行尸走肉,是人类的悲哀。

放弃那些不必要的恐惧吧,用智慧和信念武装你的头脑,用勇气和希望去充实你的心灵,你就能更快地看到胜利的曙光。不要将畏惧变成家常便饭,不要再犹豫,马上采取行动,你的敌人会立刻吓得逃之夭夭!任何畏惧之心,不管它有多强烈,在你的心中扎根有多深,你都可以用勇气、希望和信心把它拔除。在这里,为大家举一个信念力可以战胜恐惧的例子:

查尔摩斯博士在一次乘坐马车的过程中发现那名叫约翰的车夫在不停地鞭打拉车落后的马匹。于是他就问约翰为什么要这样做,约翰回答说:"那匹马因为害怕前面的白色石块儿而畏缩不前,导致它始终落在别的马后面。我用鞭子就是要驱赶它不顾一切向前冲,只有走过去才会发现你害怕的并不像你所想象的那么可怕。才能始终走在最前面!"查尔摩斯博士若有所悟,他细心琢磨马夫的这种理念,然后写下了著名的《论新理念的驱逐性力量》,认为:要想驱逐恐惧,必须首先在心中装下新的理念以克服恐惧。而这种新的理念最好是积极坚强的信念。

为大家举几个例子说明信念为什么可以战胜恐惧。

恐惧本质上来源于一个人对自身虚弱的感知。当我们对自己要应对的事物的能力不足或根本就缺乏时,恐惧便会油然而生。比如:我们恐惧疾病,就是因为有时候我们不相信自己能够战胜它并恢复健康。

杜克博士在他的杰作《论意志对身体的影响》中谈到,许多疾病由各种形式的恐惧导致。比如:痴呆、精神错乱、肌无力、狂躁症、出虚汗、黄疸病、头发变白、秃顶、贫血性休克、突发性龋齿、子宫疾病、丹毒、湿疹、畸形儿,以及许多其他疾病,都是源于各种恐惧。因为恐惧会严重地破坏身体的免疫力,从而提高传染病的感染率和死亡率。比如:当霍乱、天花、白喉、黄热病以及其他恶性传染病在一个社会时期传播开时,成千上万的人会由于恐惧而成为受害者。

事实的确如他所言。例如:在黄热病流行时期,人们通过耳濡目染,不断积累起严重的恐慌情绪。人们的脑子里全是关于这种疾病的画面:黑色的呕吐物、疯狂的病人、死亡和可怕的葬礼。长期精神的恐慌不安的折磨,引起了身体的虚弱而成为疫病攻击的对象。

赫尔凯姆博士是一位传染病专家,他认为:恐惧本身就是一种传染病;恐惧它不需要演说或标语就能在人与人之间进行自我复制和传播,而且极度恐慌的人们几乎不需要病菌就能让黄热病疫情全面爆发。

还有一位著名专家在做学术报告时说,肺结核本身分传染性和非传染性两种;但在一种肺结核病的个案中我们看到,在几个世纪的恐慌情绪作用之下,一种非传染性疾病可以转变成传染性疾病。

由此可见，正是恐慌的情绪导致身体极度虚弱，从而使可怕的疾病有机可趁，得了本不该有的传染病。鲁密斯博士认为可把肺结核归因于瘴气传染，可传染之后的再传染与死亡等后续过程则是由恐惧来完成的。

最近发生在某国的霍乱给我们提供了一个恐慌症传染的绝佳例子，这种情形在文化知识贫乏的群体里尤为明显。

有些被送到医院的病人很明显具有霍乱的典型症状，但是经过医检之后却发现他们各项生命指标都很正常，那些症状完全是由恐慌心理所引起的。于是，官员不得不发布"霍乱并不严重且在我们的控制范围内"的公告以减轻公众的恐慌情绪。而有些人真的染上霍乱时，他们由于恐惧往往在染病15分钟之内就死亡，这同样说明极度恐慌会加速瓦解人体的抵抗力，从而提高了霍乱的致命性。

综上所述，恐惧既是由我们的心理作用产生，就可以由积极的心理作用消除，而信念无疑是对抗和消除恐惧心理的良药。在此，也举一例：

拿破仑常常去疫区的医院视察，而这些医院其实连医生都因为害怕被传染而不敢去。探望病人时，令人感到意外的是拿破仑总是把手放在病人的额头上，亲切地询问他们的病情。不光他自己从未被传染，而且被他安慰过的病人也大为好转，这正印证了他的那句名言："不怕瘟疫的人才能战胜瘟疫。"

恐惧这个魔头，无论以何种面目出现，它在一个充满了勇气、无畏、自信、希望和独立的心灵世界中都不敢停留。

◎ 你担忧与恐惧的事其实大多并未发生 ◎

> 有一句话说得好,"世上本无事,庸人自扰之。"生活本身不会制造事端,一切都是人为。只要我们放宽心态,快快乐乐,笑对生活,生活也会回报我们以微笑。

恐惧是人的情感的一部分,会恐惧也是正常的,但过于敏感的恐惧却能抑制人们正常的心理活动,严重削弱我们处理危机的能力。如果你认为一个被恐惧支配的人,还能够保持清晰的思路、采取明智的行动,那你就大错特错了。一个事业上屡遭打击的人,他十分畏惧自己的努力可能再次遭遇的失败;联想到失败之后的穷困潦倒,殃及家庭,他就心情沮丧,丧失斗志。其实在这种情况下失败还未发生,他就已经走上失败的歧途了。恐惧紧紧地攥住了他的心灵,他在精神上已经失败,幸福和光明的前景必定与他失之交臂。

如果一个人不知恐惧为何物,始终保持积极乐观的人生态度,坚持远大的理想,他就能以一种高效、可持续的方式做好自己的工作,于是,失败便逃之夭夭了;相反,当一个人灰心丧气、担心再次失败时,他如果不能鼓足勇气去扭转失败的局面,争取胜利的话,他就是被恐惧打倒了。孱弱降低了他的意志力、精神上的甚至身体上的免疫力;严重影响了他的工作效率,使他不能发挥他的巨大潜力,因为他害怕再次失败,他只得步步退缩。于是,前面的道路变得越来越窄,最终无路可走。原本属于他的那扇胜利之门也渐渐关闭。

当你预料到一些可怕的事情即将到来,从而产生最可怕的恐惧心理时,这

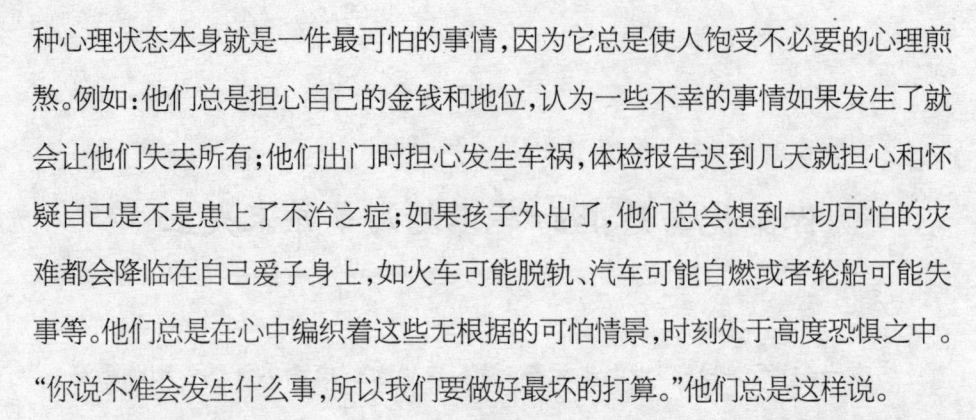

种心理状态本身就是一件最可怕的事情,因为它总是使人饱受不必要的心理煎熬。例如:他们总是担心自己的金钱和地位,认为一些不幸的事情如果发生了就会让他们失去所有;他们出门时担心发生车祸,体检报告迟到几天就担心和怀疑自己是不是患上了不治之症;如果孩子外出了,他们总会想到一切可怕的灾难都会降临在自己爱子身上,如火车可能脱轨、汽车可能自燃或者轮船可能失事等。他们总是在心中编织着这些无根据的可怕情景,时刻处于高度恐惧之中。"你说不准会发生什么事,所以我们要做好最坏的打算。"他们总是这样说。

中国有个成语叫"杞人忧天"。说的是古时候有一个儒生,有一天在家里闭门读书,忽然从房梁上落下一块土砾,不偏不倚地砸在了书生的脑门上,书生吓了一跳,但摸摸脑门继续读书。可书生再也不能读到心里去,因为他还在想着刚刚他的头被砸的事情。他想:如果刚刚掉下来的是一块大石,他岂不是已经一命呜呼了吗?他担心地抬头看了看屋顶,想:如果房子塌下来人们还可以躲避,但房子上面还有天啊!如果有一天,天也塌下来了,那该往哪去躲呢?书生因为这个问题整日忧虑,寝食难安,时刻担心天会塌下来,甚至担心到了不可收拾的地步。书生的朋友见他终日恍惚,忧心忡忡,便问他怎么回事,他将自己的担忧告诉了朋友,朋友听后哈哈大笑,说:"天是聚集的气体罢了,怎么会塌下来呢?即使真的塌下来也不是你一个人忧虑发愁可以解决的事情啊!想开点吧!"

此后人们常用"杞人忧天"来比喻那些没必要的恐惧和担心。

由此可见,由于担心发生意外,我们遭受了多少冤枉的痛苦的折磨啊!我们总是害怕在街上被汽车撞成为残疾人或丧失劳动能力,总是害怕坐车的时候碰上列车事故、坐船的时候船只失事、下雨天被雷电击中,甚至生活的地方发生地震……天啊!我们无所不怕!如果我们真是如此不幸,那地球岂不就是地狱?"恐惧"变成了阎王,我们都成了它的死囚!但直到现在,我们绝大多数人都四肢健全,健健康康,快快乐乐地活着,有的人一辈子都在世界各地旅行,但是身上却连一块儿伤疤都没有。那些无谓的担心和恐惧是幼稚的、愚蠢的,恐惧这个大魔头不应该一直都和我们生活在一起。

有个不争的事实是,许多怕蛇的女士到了乡下都总是紧张兮兮的,总是想着自己会踩到或者撞上一条蛇。这种恐惧的心理彻底毁掉了她们期待已久的假期,她们不敢进入树林或是在草地上散步;即使不去乡下度假,一些女士本来就生活在有响尾蛇出没的地区,她们也非常害怕撞上这种蛇,从来不敢单独外出,以至于严重影响了自己的幸福生活。

无独有偶,那些到热带地区旅游的人们向往那里的美丽风光,却都害怕那里的有毒昆虫和爬行动物,以至于在旅行途中提心吊胆、惶恐不安。甚至会联想到这些恐怖的家伙在晚上可能会爬到他们身上去。

不但女人,类似的男人也大有人在。我认识一个男人,他非常害怕生病,这种担心将他折磨得死去活来。偶尔患上小感冒,他就沮丧地认为这个病会重创他的健康;如果碰到嗓子痛,他就认为自己得了扁桃体炎,若不抓紧治疗就会导致不能进食而死亡;如果由于吃饭过饱导致心悸,他就认为自己得了严重的心脏病,正在面临死亡的威胁。他如此担心自己的健康,导致家人和朋友都非常厌恶他。他总是要求家人关紧窗户,想要更暖和些;他对自己的身体变化太过敏感,没有人知道他到底是怎么想的。这个男人的朋友们都不敢邀请他去参加聚会,因为他太在意那些为他准备的食物了;更让人难以理解的是,他总是担心聚会时会不会有意外发生以致丢掉性命,例如被烧死在房间中。

当然,这似乎是一个比较极端的例子,但生活中也不乏这样的人存在,他们与例子中的人饱尝着相似的恐惧。他们从未感受到人生的快乐。他们像奴隶一样辛苦工作,为的就是赚到足够多的钱然后存起来,可是他们享用这些钱的时候的快乐已被失去这些钱的痛苦所代替,他们并没有真正舒心过。生活在他们眼中总是糟糕透了,他们整天担心会发生一些可怕的事情,让自己失去所有的财富……一生中最可悲的事,莫过于把大量的精力浪费在那些没有充分根据的恐惧之上了。

实际上，我们所恐惧的那些最糟糕的事情发生的概率就如所有空气分子会在同一时间向同一方向运动一样，概率极小极小，需要提醒的一点是，如果你确实染上了疾病并且万分恐惧，那么你的这种恐惧心理只会加重病痛，使之恶化，危及生命。

◎ 敏感、焦虑的人最容易恐惧 ◎

假如恐惧在人类的所有成长阶段都远离人类的心灵，人类不怕未知事物，勇于开拓创新，那么人类的文明将会出现跨越式的发展。

事实证明，恐惧能够改变人体内分泌液的生成，损害人体的生理机能，减短人的寿命，让人未老先衰，甚至过早死亡。

神经敏感、情绪焦虑和体质虚弱的人受到恐惧的折磨较严重。众所周知，人的想象力无限，一切现实不存在的东西都可以虚构出来，而那些敏感、焦虑或体质虚弱的人恰恰具有爱幻想的习惯，且总是会想象出即将发生的最坏的事情。而具有强健体魄的人则相对乐观，对事物很少产生恐惧心理；而每当人生病身体失去活力、免疫力下降时，恐惧就会袭来，而由它所引起的痛苦会令人难以忍受。

有些人从孩提时代开始就生活在恐惧的统治之下，以至于不能有正常的心理。例如：很小的时候，父母亲就经常提醒孩子们这样做或那样做会很危险，虽然避免了危险的发生，但恐惧的阴影随即进入了他们幼小的心灵，并最终扎根在他们的生命之中。从摇篮到坟墓，恐惧都像幽灵一样伴随着他们，伺机扰乱他们宁静的心灵，破坏他们本该拥有的快乐健康的心理状态，他们时刻担心危险的发生,以致损坏幸福安定的生活状态,和他们美好的人生前景。而母亲们根本没有意识到,她们给孩子脆弱的心灵灌输了恐惧,这种行为是何等残忍!如果不有效遏制,这些恐惧就像用烙铁烙在小树苗上的疤痕,会随着小树苗的成长而变大!

其实,恐惧并不是人类具备的本能,它是由后天形成的。一个婴儿并没有与生俱来的恐惧倾向,他也不知道恐惧为何物,一生饱受恐惧的折磨也不是人类的宿命。恐惧不是固有属性,是由我们的大脑创造出来的,是我们思想、行动和环境因素影响的副产品。这种后天的副产品留给我们的破坏性印记随处可见:未老先衰的面容、青春少年的满头白发、壮年弯曲的脊背、忧心忡忡的面孔……

记得一位著名的神经学专家说过:"我不得不无数次地承认这个悲哀的事实:只要家长们懂得基本的生理和心理卫生常识,那么,至少八成的恐惧症儿童就可以得到及时的治疗,关键就在于家长不要用恐吓的方法教育孩子,要不断地提醒这些孩子要更加勇敢、更加坚强!"

为什么大人们在教育孩子的时候习惯运用恐吓这种方法,而让孩子从小就饱受恐惧的折磨呢?因为对于看管孩子的母亲和保姆来说,恐吓能比安慰和讲道理更容易地让孩子乖巧和顺从。利用孩子的无知让他们感到恐惧,这是不耐烦的、愚蠢的大人们经常使用的让孩子顺从的最有效、最便捷的方式。

而真正健康的心灵是不知恐惧为何物的。假如恐惧在人类的所有成长阶段都远离人类的心灵,不怕未知事物,勇于开拓创新,那么人类的文明将会出现跨越式的发展。恐惧是个可怕的幽灵,由于它的存在,人们遭受了更多的痛苦、不幸和失败。在人的一生中,恐惧比任何一种消极的现实因素都强大,而且俘虏了更多的害怕它的奴隶。但是,尽管这个恶魔死死地扼住了我们的心灵,我们仍然可以像击败其他任何精神敌人(如消极、懒惰、多疑等)一样去征服它,并将它彻底消灭掉。

如何克服焦虑、敏感战胜恐惧才是我们想要说的最重要的一点:首先要知道真正掌握我们命运的是我们自己,而不是任何其他所谓"神力"的东西;其次

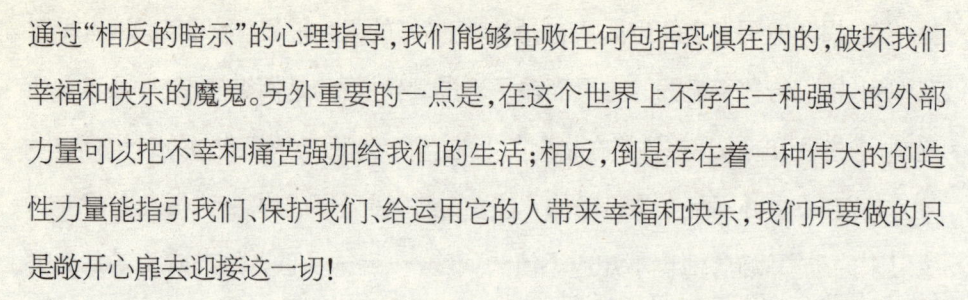

通过"相反的暗示"的心理指导，我们能够击败任何包括恐惧在内的、破坏我们幸福和快乐的魔鬼。另外重要的一点是，在这个世界上不存在一种强大的外部力量可以把不幸和痛苦强加给我们的生活；相反，倒是存在着一种伟大的创造性力量能指引我们、保护我们、给运用它的人带来幸福和快乐，我们所要做的只是敞开心扉去迎接这一切！

可以准确地预见，未来的人类将意识到敏感、焦虑的危害，加以抵制，从而减少恐惧感的产生，因而摆脱各种迷信思想的束缚或奴役。他们将没有恐惧，因为他们会知道所谓的"恐惧"就像是不存在的任何人都没见过的鬼魅，那只是稚嫩的孩童用出格的想象力编造出来的使自己感到害怕的假象而已。

◎ 时刻保持危机意识 ◎

> 孟子云："人恒过，然后能改；困于心，衡于虑，而后作；征于色，发于声，而后喻。入则无法家拂士，出则无敌国外患者，国恒亡。然后知生于忧患而死于安乐也。"

在丛林中间，每天都上演着激烈的生存战争，奔走跳跃的野生动物可能在下一秒就沦为其他动物的口腹之物。弱肉强食是"物竞天择，适者生存"不二的自然法则，如此，大自然才一代代地延续着平衡。在这样的生存环境中，有的动物慢慢由繁盛走上灭绝，而有的动物则生存了下来，狼便是存活物种的其中之一。

生存地域的缩减、食物的紧张稀缺、其他猛兽的捕食残杀、猎人的枪口与陷阱……狼的生存危机四伏，可以说是无时无刻不承受着巨大的压力以及挑战。一

第 3 章　别给人生设限

个不留神就有可能失去生的机会。几乎每一只成年狼的身上都有伤疤,甚至是残疾;这些疤痕记载着狼有关生存和死亡的战斗,见证着它们顽强的生命力。

曾经有人做过这样的统计:在整个狼群当中,由于自然衰老而死亡的狼只占总数的 1%~1.5%。由此可见,它们只能也必须保持着强烈的危机意识,才能以此来维系整个狼族的生存发展。而号称自然的主宰,安享高度文明成果的人类呢?难道不该像狼族一样,保持着高度强烈的危机意识吗?

古语有云:生于忧患,死于安乐。没有人可以预知未来会发生什么,或许今日的安乐窝就是明日的葬身地,我们必须具有危机意识才行。只有在心理上以及行动上都保持高度警惕,才能避免危机或是临危不惧,游刃有余地化解危机。毫无疑问,如果一只狼保持安逸的状态,那它随时可能会付出生命的代价。

非洲有一个用与世人不同的方法计算年龄的民族,就是他们从婴儿出生时就被假设有 60 岁的寿命,以后年龄会逐年递减。这种倒排年龄的习惯要一直到生命终止。他们的目标就是人生大事都得在这 60 年之内完成,此后不属于这 60 年的岁月便可以用来为自己颐养天年了。这种方法意在告诉族人:人生不过是我们从上苍手中借来的一段岁月而已,过一年就少一岁,要好好珍惜。抓紧现有的每一刻,而不要空留"白了少年头,空悲切!"的感叹。

危机其实同我们形影相随,它也可以说是生存的代名词,就看你是否有危机感。小则个人,大则一个企业,一个国家都必须具有危机意识,没有危机意识,大到国家面临衰败,企业面临垮台,小到个人,也会变得萎靡不振。不论其曾经是多么的恢弘、多么的繁荣。

两只兔子在森林里遇到了一只饿虎。其中一只赶紧从背后取下装胡萝卜的袋子丢掉。另一只骂道:"你干吗呢?再不跑就晚了!"对方回答说:"我只要跑得比你快就行了。"

简单的故事意蕴了深刻的哲理:认不清形势,没有危机感将落于人后,有最终被饿虎吞食的危险。21 世纪,没有危机感就是最大的危机,现在已经没有所谓

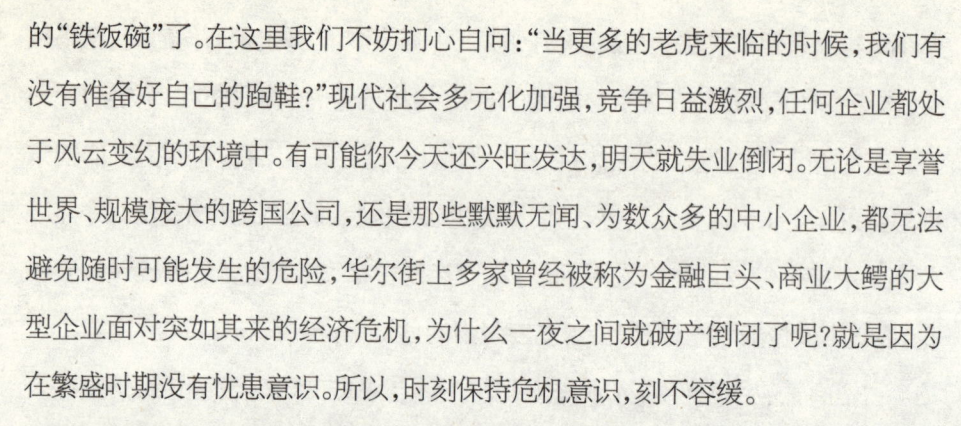

的"铁饭碗"了。在这里我们不妨扪心自问:"当更多的老虎来临的时候,我们有没有准备好自己的跑鞋?"现代社会多元化加强,竞争日益激烈,任何企业都处于风云变幻的环境中。有可能你今天还兴旺发达,明天就失业倒闭。无论是享誉世界、规模庞大的跨国公司,还是那些默默无闻、为数众多的中小企业,都无法避免随时可能发生的危险,华尔街上多家曾经被称为金融巨头、商业大鳄的大型企业面对突如其来的经济危机,为什么一夜之间就破产倒闭了呢?就是因为在繁盛时期没有忧患意识。所以,时刻保持危机意识,刻不容缓。

"永远要战战兢兢,如履薄冰",这是海尔总裁张瑞敏的生存观念。同样,三株总裁吴炳新在经历了三株生死劫难后说:"最好的时候,也就是最危险的时候。""我想把三株的体会、经验和教训告诉大家,希望引起大家对危机管理的重视。"

众所周知,在中国民营企业发展史上,三株公司创造了一个又一个神话:仅靠30万元起家;民营企业;在短短的4年内净资产增长了16000倍达到了48亿且负债率为零;建成了仅次于中国邮政网络的三株营销网络,创造出中国保健品发展史上的"三株神话"。可就是这么一个企图建成"日不落帝国"欲与可口可乐比肩的神话品牌,却因为一场"人命官司"被打击得毫无还手之力,年销售额从80亿元狂跌至只有20亿元,最后几乎从中国的保健品市场上销声匿迹。

事情的起因是这样的:常德一个老汉因服用三株后去世,随后,当地法院判决三株一审败诉。自此,三株的月销售额从数亿元跌落到不足1000万元。虽然三株公司在二审中终于胜诉,但此时已是距该事件3年后了,这个迟到的"胜出"并没有使三株公司起死回生,这个时候的三株公司已经陷入万劫不复的深渊。

纵观三株从迅速发展又到迅速衰落的历程,我们不禁要问:"三株神话的破灭难道仅仅就因为一个常德事件没处理好吗?"

所谓"冰冻三尺,非一日之寒",日常对风险管理的忽视,危机意识的缺乏是导致其衰败的根本原因。试想,如果三株能在企业整体管理、产品质量维护以及市场规范上把好关,提高企业整体对风险的驾驭能力,何至于措手不及呢?

相比三株而言,美国的约翰逊公司对"'泰诺'中毒事件"的危机处理则显得从容睿智得多。

"泰诺"是约翰逊公司生产的用于治疗头痛的止痛胶囊,作为约翰逊公司的主打产品之一,年销售额达 4.5 亿美元。

然而,1982 年 9 月,芝加哥却发生了 9 人因服用"泰诺"致死的事件。一时间舆论大哗,94%的人们表示将拒绝服用"泰诺",而各大医院、药店也开始拒绝销售这一药物。很多人预测,"泰诺"将从此走上消亡之路。

当时有 3100 万瓶泰诺分散在美国各地的药品市场,很难讲它们之中有多少受到了污染。"这就像一场瘟疫,"该危机事件的负责人后来说,"你不知道会在哪里结束,我们所拥有的唯一信息就是我们不知道到底发生了什么。"然而,面对这一混乱的局面,公司决策人意识到了危机的存在。他冷静以对,决定对 3100 万瓶药物进行召回。这一处理方式不光在物流上是个问题,一亿美元的药品价值对公司也是不小的损失,但公司还是在全国范围内召回了"泰诺"。不仅如此,约翰逊公司还以积极的态度与媒体沟通,向公众公布、演示了泰诺的生产过程。配合美国医药管理局的调查,并开始探寻新的产品包装模式。这一系列有效的补救措施让泰诺得到了恢复,并且再创佳绩。到 1989 年,泰诺创造了 5 亿美元的销售额,还将品牌进一步扩展到了感冒药品以及睡眠药品的范围。

从这两个事例中我们得出:现代企业如果缺乏危机意识终究难脱厄运。只有未雨绸缪,才能在危急时刻调动一切积极因素,最大限度地发掘出企业的潜力,让企业在历经风雨后,依然循着良好健康的道路发展。

危机是一种客观存在的不可预知的事物,但预防却是主观能动性的责任。所以对付危机的最好办法就是随时保持强烈的危机意识,只有这样才能在下一次危机来临时,清晰地知道问题出在哪里。适应局势,走出危机。

◎ 危机可以是一种转机 ◎

危机常常不期而至,让我们措手不及,但是危机并不可怕,也可以化解,从而变危机为契机。

所谓顺境,指的是有助于我们成长和发展的良好环境。在顺境中生存和发展的障碍和阻力会比较小。而所谓逆境,指的是一种不利于人生存和发展的环境,那就像一条长满荆棘的道路,每迈一步都是钻心的痛苦。因而,每一个人都渴望身处顺境之中。

有的人说:"顺境比逆境更具有优势,因为良好的家庭环境有助于健康人格的培养,有助于事业的顺利发展,有助于个人能力的发挥。从而得到人们的认可和赞扬等。"是的,顺境能加快人们成功的步伐,甚至让我们直达成功的彼岸。而逆境中的人不仅要遭遇不顺的现实的巨大打击,过后还要承受精神方面的种种压力。但是,有的人又说:"逆境是的强者的登天梯,智者的无价宝,弱者的无底渊。"还有人说:"顺境能节制,逆境方坚韧;强者不以境制心,而以心制境。"所以,无论是逆境还是危机,都可根据你的不同心态相互转化。

在人生的道路上,谁都希望自己的生命航程是一帆风顺的,谁都不想受到命运的愚弄。然而生活中不存在十全十美的事,顺境和逆境总是彼此交替出现。其实不论顺境还是逆境都蕴藏着机会,关键看你怎样对待。不以物喜不以己悲,去把握好顺境的优势和逆境的契机。

顺境、逆境都是一把双刃剑:顺境并不代表永远一帆风顺,仍然存在一些不良因素，一旦处理不好，就会割伤自己，让顺境也变为逆境；而在逆境中生存，强者不断地磨炼意志，克服困难，力求将逆境变成顺境。所以如下面小故事所述：危机也可以转化成契机。

亚拉巴马州曾只是美国棉花的重要生产地，人们世世代代都靠种植棉花而生存。但在1910年不幸的事情发生了，整个亚拉巴马州爆发了大规模的象鼻虫灾害。所有棉花遭受了前所未有的啃噬破坏，眼看就要收获的棉花就这样毁于一旦。

但幸运的是，在这次危机中棉农们认识到了象鼻虫只对棉花这一作物有危害性。于是他们赶在秋天来临之前种植了一些其他的农作物，如玉米、大豆等。这些农作物大获丰收，亚拉巴马州的经济效益还因此得到了提升，棉农们也挽回了因棉花减产带来的经济损失。

这些积极乐观的棉农说："这次虫害是上帝给我们的警示，他提醒我们不能只局限于一种存活方式。"

此后的亚拉巴马州大量种植各种农作物，最终成为美国的农业大州，而走上了繁荣之路。

亚拉巴马州人民不畏危机且积极改变现状，最终将危机变成了转机。

无论是危机还是契机，只要我们积极对待，都会成为我们不断向前发展的动力。关键在于怎样抓住契机，怎样化危为安。危机常常不期而至，让我们措手不及，但是危机并不可怕，也可以化解，从而变危机为契机。

事物都是具有两面性的。危机中包含着契机，契机中也有不安定因素。山重水复疑无路，柳暗花明又一村。上帝关上一扇门的同时也打开了一扇窗，我们不会在危机面前束手无策。

只要我们有一双发现机遇的眼睛，只要我们看到发展的希望，再大的危机也阻挡不了我们继续前进的决心。

◎ 顽强的意志能战胜人性弱点 ◎

人是可悲的,因为人具有人性的弱点;可人又是值得骄傲的,因为人具有意志!所以人性的弱点并不可怕,只要你下定决心用顽强的意志战胜它,你的人生就成就了完美。

上帝有一天心血来潮,来到他所创造的土地上散步,当他走到麦田边看到麦子结实累累,感到非常开心。碰巧有一位农夫从麦田边经过,认出了上帝。于是他对上帝说:"仁慈的上帝!在这50年来,为了我的麦子我没有一天停止过祈祷。祈祷年年不要有风暴,不要有冰雹,不要有干旱,不要有虫害,可是不论我怎么祈祷,总不能样样如愿。"上帝听罢回答:"我创造了人类和植物,也创造了风雨,创造了干旱,创造了蝗虫与鸟雀,我本来就创造了一个不能如人所愿的世界。"

农夫突然跪下来,吻着上帝的脚:"全能的主呀!您可不可以允诺我一个小小的请求,只要明年一年的时间,不要让我的麦子经受风雨的摧残、干旱的炙烤、害虫的啃食?"上帝看着这个农夫,说:"好吧,就答应你这个请求。明年不管别人如何,一定如你所愿。"果然在第二年农夫向上帝祈求的不要发生的事情一件都没有发生,因此他田里麦子的麦穗比平常多了一倍还多,农夫对此兴奋不已。

可等到收获的时候,奇怪的事情发生了。农夫的麦穗里竟是空的,根本没有籽粒。农夫含着眼泪再次跪了下来,疑惑地问上帝道:"仁慈的主啊,这是怎么一回事,我的麦子里为什么没有麦粒儿?"上帝说:"我没有做错什么,因为要想成为一枝饱满的麦子,经受所有的考验是必经的过程。对于一粒麦子,努力

第3章 别给人生设限

生长是必须的,风雨是不可避免的,烈日是必要的,甚至蝗灾也是必经的,因为这些才可以唤醒麦子内在的灵魂。人的灵魂也和麦子的灵魂是一样,如果没有任何考验,人也只能是一个"空壳"而已。"

人的一生,往往是穿越卑微、困境和风雨而完成的。因为上帝赐予我们生命,最终要收回的是一个完整的灵魂。平凡者可以凭借考验抓住机会,觉醒自我、锻炼自我、最终升华自我。走过风雨的人才能战胜人性的弱点,使自己变得伟大。

每一个人,从出生特别是少年以后,就开始面对各种考验,并开始收获各种考验所带来的宝贵人生特质。如果逃避来自现实的任何考验,幻想温煦的常态,那么他从一开始就输给了生活。

一位怀着当教师梦想的中文系毕业生,在求职路上东奔西跑,最终在广州应聘到一个职业技术学院的教师职位。但用人单位工资少,不能给他解决户口,他便辞职了。这个人舍本逐末放弃了自己追求的内在东西。后来,他一直找不到合适的工作。他在"户口"这个并不很重要的考验面前逃走了,生活因而变得异常苍白、无助。

而一位没有工作的退伍军人,自己开了个早点摊,早出晚归。夏天酷暑炙晒也就罢了,最难的是冬天站在寒气凛冽的街头一会儿就冻透了。但在极冷的天气中他也从不抱怨不退缩。他的妻子嘱咐他穿着御寒的大衣工作,他则认为穿大衣卖饭不方便,还说一个人一旦习惯了大衣的温暖,就再也舍不得脱下,这样人在思想上就会耐不住寒冷。这位退伍军人硬是凭着军人的意志,经受住了考验。他乐观地将自己所吃的苦称为"苦中作乐",没有什么抱怨,每日乐呵呵的,回家经常拍拍妻子的肩,说自己习惯了。

意志力是人生来就有的,坚强的意志力需要不断地磨炼,这样就能将其不断地发掘出来。如果没有这种能力,就像没有动力的火车一样只会停留在原地。

一个有着坚强意志力的人,往往更具能力。只有具备了坚强的意志,事情才能取得成功。

对待困难你是怎样的态度呢?当困难来临的时候,你的态度是犹豫、推诿,还是逃避?比如,你会想"我一定会克服困难",还是会以"试试看"的心态应付一下就算了呢?

其实,人的意志力有着极大的力量,它能克服一切困难,不论困难有多大、所经历的时间有多长,无坚不摧的意志力都终能帮助你到达成功的彼岸。

一个能掌握和调动自己意志力的人,他的动力是巨大的。这种巨大的动力可以帮他实现期待,达到他的目标。如果一个人的意志力坚固得跟钻石一样,并以这种意志力支撑自己朝着所设计的方向前进,那么面临的一切困难都会迎刃而解。如果你见到一个年轻人,他用斩钉截铁的态度去实施他的计划,那些"如果"、"或者"、"但是"、"可能"的念头都会退避三舍,那么这样的年轻人,一定会拒绝种种诱惑,将来也必定会获得成功。

没有坚强的意志力,就不会有持之以恒的决心,没有持之以恒的决心就会一事无成。许多年轻人最初很热衷于他们自己的事业,但是往往一夜之间,这些人竟然就放弃了自己原有的事业,转而去干别的事业。因为他们总是怀疑自己是否处在恰当的位置上?他们的才能是否已利用到了最大值?他们的意志在不停摇摆。面对困难摇摆的意志会使他们感到灰心或沮丧;当他们听到某人成就了某项事业时,他们便埋怨自己,为何成就那事业的不是自己?

每个人的生命都是与众不同的,要使自己的生命具有特殊意义,就要做适合自己的事情。无论多长时间都要达到目标,无论过程有多么艰难曲折,绝不放弃成功的希望和志向。如果逃离生活带来的考验,那么他就会像不经风雨、不历酷热的麦子一样没有收获的价值。寒冬不光表现在季节上,有时也表现在人的心理上。在经历冗长的心理寒冬后,你的躯体里是否还孕育着热情,眼眸间是否还怀有温暖的诗意。在缺乏色彩的冬季,你是否已经筑起一道道抵御寒冬的藩篱;面对冰霜酷雪、冷风怒号,你是否已经适应并渐渐喜欢,甚至从中发现随苦寒而来的种种乐趣?

顽强的意志助你战胜人性的弱点,人生的康庄大道,往往是用坚强的意志披荆斩棘铺就的。蚓无爪牙之利,筋骨之强,上食埃土,下饮黄泉,意志使然也。普通的麦子昭示了不普通的生存哲学,同样顽强的意志也能造就人性的光辉。

◎ 勇敢地走出心理牢笼 ◎

> 思想是人灵魂的支柱,也是人心灵的牢笼;就看你是选择了在笼子外还是笼子里。如果你在笼子外,就永远不要走进去;如果你在笼子里,那就请勇敢地走出来!

很久以前有个叫雷凡莎的长着长长金发的美丽公主,由于某种原因自幼被囚禁在古堡里,和她住在一起的老巫婆嫉妒雷凡莎的年轻美貌,每天在雷凡莎面前念叨:"你长得真丑,最好不要出去见人。"

但是有一天,一位年轻英俊的王子从塔下经过,被雷凡莎的美貌惊呆了,从这以后,他天天都要到这里来,一饱眼福。雷凡莎从王子的眼睛里认清了自己的美丽。终于有一天,她决定放下自己长长的金发,让王子攀着长发爬上塔顶,把她从塔里解救出去。但就在她放下长发的那一刻,老巫婆和塔同时消失了。

哲人说得好,不要完全相信你听到的一切,也不要因为他人的议论而鄙视自己,否则就会陷入自卑的心理牢笼。雷凡莎公主把巫婆的话信以为真才使自己陷入自卑的心理牢笼。当她把金发放下来的那一刻,就是她消除自卑心理的那一刻,所以由自卑心理幻化的巫婆和塔都不见了。

我们常常发现有些人很自卑,除了不能正视自己的优点与缺点以外,另外的原因和雷凡莎一样,容易听信那些不该听信的话,不清楚自己身上的优点和蕴藏着的潜能。久而久之,他们便丧失自信心,不知不觉中把自己关在了自卑的心理牢笼里。

人的心理牢笼各有不同,但制造牢笼的前提却是相同的,那就是自己给自己营造。就拿自寻烦恼来说吧,有人老是责备自己,认为都是自己的过错;有人爱唠叨自己坎坷的往事和遇到的不平待遇;而有人眼睛只盯着生活中的疾苦……时间一长,这些人就不知不觉地把自己囚禁在"心狱"里失去了快乐。自寻烦恼有好多种,其中还有一种是喜欢用自己不懂的事情塞满自己的脑袋,使自己陷入紧张、痛苦之中。

有这样一个故事,大意是:

一位公司职员有一天觉得自己好像生病了,于是就决定去图书馆借本医学手册。但他不会想到的是往图书馆走时,他还是个幸福的人,等他走出图书馆时,事情就不是那么回事了。因为当他一口气读完了整本医学手册的内容的时候,方才明白,自己患霍乱已经几个月了。他被吓住了,呆痴痴地坐了好几分钟。本来想查查自己是不是真的生病了和看看该怎样治疗,他原以为是什么大不了的病。

后来,他很想知道自己是不是还患有什么别的病,就依次读完了整本医学手册。这下可明白了,自己除了膝盖积水症外,一身什么病都有!

他非常紧张,在屋子里来回踱步。他认为自己简直就是一个各种病例都齐全的医院,医学院的学生们,都用不着去医院实习了,他们只要对自己进行诊断治疗就可以得到毕业证书了。"

他迫不及待地想知道自己到底还能活多久!于是,就进行了一次自我诊断:先动手找脉搏,起初连脉搏也没有了!后来才突然发现,一分钟跳一百四十次!接着,又去找自己的心脏,但无论如何也找不到!万分恐惧的他最后只得安慰自己:"心脏总会在它应在的地方,只不过自己没找到罢了……"

现在的他已被自己营造的"心理牢笼"所监禁,完全变成了一个全身都有病的老头。

他决心去找自己的医生,一进他家门,他就说:"亲爱的朋友!我不给你讲我有哪些病。只说一下没有什么病,我只是没有患膝盖积水症,我的命不会长了!"

医生给他作了诊断,然后在纸上写了些什么就递给了他。他顾不上看处方,就塞进口袋,直奔药店去取药。赶到药店,他匆匆把处方递给药剂师,药剂师奇怪地看了他一眼,就退给他说:

"这是药店,不是食品店,也不是饭店。"

他很惊奇地望了药剂师一眼,拿回处方一看,原来上面写的是:

煎牛排一份,啤酒一瓶,每天六小时一次。

十英里路程,每天早上一次。

"哦",他想,"这就是我的药方吗?"但他照这样做了,一直健康地活到今天。

这位职员幸亏碰到一个懂心理的医生,对症下药,治疗及时,否则一定会被自己营造的心理牢笼所囚禁,最后非真得上病不可。

现实生活里,有不少人将不解的事情塞满自己的脑袋,把一些不相干的事与自己联系在一起,造成了心理困惑或心理障碍。殊不知,这些无所谓的事情都是自寻烦恼。如果盲目地相信某些毫无根据的感觉,使自己失去理智的判断能力,最后被囚禁的只有自己。

"心狱"除了囚禁那些自寻烦恼者,还囚禁无休止的懊悔者和自责者。

出走后的他多年在外漂泊,对父母没有尽到做儿子应尽的孝心。过了40年,到了洞明世事时,他才认清自己行为的偏激和卑怯。但这时父母早已过世,失去了孝敬的机会,他的良心遭受着自我心狱的无情谴责,心灵受到自责的拷问,对这终身难以弥补的懊悔,常常寝食难安,进而失眠头痛接连发生。这时自己才体会到原来世上没有任何一种惩罚比懊悔和自责更为痛苦的了。幸运的是，在一次偶然的施舍中他才找到冲破"心狱"的途径。

　　一天，他看见一个要饭老人的背影很像自己的父亲，他望着这位老人，想到了自己的父母。同时对父母的懊悔和爱怜之心陡然而生，便加快脚步赶上前去把衣袋里仅有的零花钱掏出来，统统给了他。这时他仿佛从老人感激的眼神里看到了父亲宽恕的面容。当他走出地下通道时，压抑已久的心情一下子变得好多了。

　　这次小小的施舍，使他找到了自己的心理牢笼的突破口。他认为这个突破口就是：一个人想真正地爱自己的生命，那就得首先学会爱他人和爱这个世界。从此，他经常用爱和感恩来拂拭思想和灵魂深处的污垢与尘埃。这么做减轻了他心灵的苦痛，良心不再受往事的纠缠和谴责，心情好了，失眠和头痛症也不药而愈。

　　人的一生充满许多坎坷和无奈、许多愧疚和迷惘，稍不留神，就会被自己营造的"心狱"监禁。营造心理牢笼，既不花钱也不费力，如果你宁愿把自己关进去，它在一瞬间就能被制造出来。此外心理牢笼对人的身体健康危害极大，很多疾病都与不健康的心理状态有关，严重者则会造成精神失常，出现自杀倾向甚至自杀行为。有人说，心理牢笼是很难攻破的。这话只说对了一半，既然心理牢笼是自己营造的，那自己也就具备冲出心理牢笼的本能。这种本能就是精神意志的力量，有了这种力量，什么样的心理牢笼都可以攻破。

第4章
坚信自己的小宇宙

  世界上有美好的享受也有弱肉强食的冷酷竞争,面对竞争,你对成功的把握是否降低了?你对自己的信心是否缩小了?你的心态是否告诉你自己只能做有把握的事?不可以这样!在做未知之事前一定要有强者的心态,坚信自己的小宇宙,只有强者的心态才能让你冲破艰难险阻,才能锻造出强壮的翅膀,创造美丽坚强的人生。

◎ 从自卑到自信 ◎

> 自卑的人,总是在自卑中埋没了自己,记住你是这个世界上唯一的。许多人一事无成,就是因为他们低估了自己的能力,妄自菲薄,以至于缩小了自己的成就。

自卑心理较重的人,大致有以下三种表现:

一是消极认命,让自卑的感觉化为现实。相信自己没有能力,承认并接受自己的确不如别人。持这种消极态度的人,容易放弃努力与个人奋斗,听任命运顺其自然,以各种借口自欺欺人,为求得心理平衡,为自己的失败辩护。

二是自暴自弃,侵犯他人,危害社会。这种人看不到一点光明前途,放弃自己的同时便铤而走险也去危害他人,以一种错误的方式去补偿自己的自卑心理。这种与他人为敌的反其道而为之的行为,最终必以更大的悲剧收场。许多罪犯都是因为自卑心理而走上歧途的。

三是发奋图强,超越自卑,成就自我。虽有自卑的感觉,但积极应对,决不让这种感觉成为控制自己的事实。他们的观点是与其为自卑而悲观丧气,自我放弃,庸碌一生,不如化自卑的弱点为奋斗的力量,拼搏一生,争取成功。一旦有几个小成功的记录,自卑就可以逐渐被超越,自信就会建立起来。持这种态度的人,不管原来多么自卑,必将战胜自卑,赢得成功和光明的前途。

当然,第三条路是最佳选择。这是一条从自卑到自信,从失败到成功,从渺小到伟大的光辉灿烂之路,是条人人都可以选择,可以走的路。只要你愿意改变自己并相信你能做到，你就能走上一条成功大道。

世界上许多成功人物都有过自卑心理，但他们最终战胜自卑，成就大事。事实上，超越自卑需要渴望走出自卑、渴望成功的动力的支持。

中国著名民营企业家罗忠福在少年时代曾为自己的身份而自卑过。大学时，因为家庭成分问题而被当地卡住户口，被迫中途退学。

20岁时，他的父亲辞别了人世，家庭顿时失去经济支柱，母亲只好做些给人看孩子、洗衣服、挑煤的工作以维持生活。看着母亲遭受别人的白眼，敏感的他就深深感到人生的耻辱。25岁时，他被分配到一家小型工厂当合同工，工厂中带他的老师傅就以成分讥笑他："会读书有什么用，还不是给我这个不会读书的人当学徒？"

遭受的不公的命运的屈辱，使他深感自卑。他总是在长江边徘徊，一待就是一整天。他当时真想往长江中一跳，以死来解脱这屈辱的人生。

幸运的是他没有这么做，而是决定发愤寻找人生的新道路。后来他遭到迫害进入了文革牢狱，在狱中他也没有放弃自己的理想。出狱时，他已经是40岁的人了，社会也发生了很大的变化。他不畏艰难从头开始，学习经商，顽强奋斗十多年，终于成为享誉中外的中国民营企业家。

超越自卑中走向成功的例子，在世界上比比皆是。如：右眼斜视的存在主义大师萨特；矮小的法国第一帝国皇帝、政治家、军事家拿破仑；家境贫寒的美国英雄总统林肯；少年时就辍学谋生的日本著名企业家松下幸之助等。他们曾经都为自己的缺陷或不幸遭遇而自卑过，但正是这些自卑一直是他们前进的动力，正因为战胜了自卑，他们才有了最后的成功。

诺贝尔化学奖的获得者，法国科学家维克多·格林尼亚却是从另一种自卑走向成功的。他从小出生于一个百万富翁之家，优裕的生活使他养成了游手好闲、摆阔逞强、盛气凌人的放荡公子恶习。他又仗着自己长相英俊，任意地玩弄女人，直到遭遇一次重大打击。一次午宴上，一位从巴黎来的美貌女伯爵使他一见倾心,像往常一样他想也没想就追上前去。出乎意料的是他只听到一句冷冰冰的话:"请站远一点,我最讨厌被花花公子挡住视线!"女伯爵的冷漠和讥讽使他在众人面前羞愧难当。无地自容的他发现自己是那样渺小,被人厌弃,一种自卑感油然而生。

满含耻辱的他离开了家庭,只身一人来到里昂大学插班就读,在那里他隐姓埋名,发愤读书并谢绝一切社交活动。他整天泡在图书馆和实验室里钻研学习,他的精神赢得了有机化学权威菲得普·巴尔教授的器重。在名师的指导和自己不懈的努力下,他发明了做实验是必需的"格式试剂",且发表了学术论文200多篇,1912年被瑞典皇家科学院授予诺贝尔化学奖。

英国历史上第一位女首相玛格丽特·撒切尔夫人只是一位默默无闻的小杂货商的女儿,可是通过自己的奋斗却成为英国人民爱戴的女首相。她的崛起引起了欧洲和世界各国的注意。

撒切尔夫人的父亲罗伯茨对她寄予厚望,希望她将来能有所作为。可以说她的成功与她的父亲自幼对她的谆谆教诲密不可分。为此,撒切尔夫人5岁开始上学,从那时起他的父亲就不再允许她说"我不会"或"太难了"之类的话。她父亲经常带她去听音乐会、名人演讲,并和她一起读大量的名人自强、自信、自立的传记。她父亲教她:要有信心、有主见,千万不可人云亦云。正如后来她在就职演讲中所说:我在那个十分一般的家庭里所获得的有关自信的教诲是我大选获胜的武器之一,也是我成就信仰的基础。

自信是一个人对实现个人理想和目标的基础。"有志者,事竟成",自信对任何人来讲都是将来在事业和生活中获得成功的必不可少的基本元素之一。尊重、赞许与鼓励是培养孩子自信心的前提,是对孩子最大的信任。因此,在家庭中父母对儿童自信心的早期培养尤为重要。

第 4 章　坚信自己的小宇宙

◎ 自信让你拥有世界 ◎

你相信这个世界有美好的人吗？你热爱自己的生活吗？要知道，一切的美好都源自你自信的心灵，发现美的眼睛。自信，让你拥有世界。

成功的秘诀有很多种，自信是其中之一。拿破仑曾经说过："我成功，是因为我志在成功。"如果拿破仑没有如此毅然的决心与信心，成功也就会与他无缘。

在每一个成功的领导者背后，都有一股巨大的信心的力量，支持和推动他们不断向自己的目标迈进。所以，成功人士拿破仑·希尔才会非常感慨地说："信心是生命和力量，是奇迹，是创立事业之本。"

有一次，一个士兵骑马给拿破仑送信，由于路途遥远，驱赶的马速太快，致使那个马在到达目的地之前猛跌了一跤就一命呜呼了。拿破仑接到信后，就立刻写好回信交给那个士兵，并吩咐士兵骑自己的马从速把回信送去。

但那个士兵不自信地对拿破仑说："不，将军，我是一个平庸的士兵，实在不配骑这匹华美强壮的骏马。"

拿破仑回答道："你要相信，世上没有一样东西是法兰西士兵所不配享有的！"

自卑的人这样想：世界上的好东西是他们这一辈子不配拥有的。他们认为：那些快乐和享受，都是留给那些命运的宠儿的。有了这种卑贱的心理，当然就不会有出人头地的观念从而加重自卑。许多青年男女，本来有做大事、立大业的潜能，但实际上却做着小事，过着平庸的生活。原因就在于他们不自信，认为自己不能实现远大的报复从而不去确立远大的理想,甘于平庸。

当我们把目光转到那些成功的人身上时便会发现:上帝并不是对他们宠爱有加,让他们全都完美无瑕。相反,他们身上有种种缺陷。如拿破仑的矮小,林肯的丑陋,罗斯福的残疾,丘吉尔的臃肿,哪一条不比"皮肤黑一点"、"眼睛小一点"更令人痛不欲生。可他们却拥有辉煌的一生!因为他们拥有自信!如果说他们都是伟人,我们凡人只能仰视。那就让我们平视一下周围的同事、朋友。你可以毫不费力地在他们身上找出种种缺陷,可他们当中照样有成大事者,照样活得坦然自在。他们眉头舒展,腰背挺直,甚至连皮肤都光洁细腻!这是自信的力量!

有人说:"人不是因可爱而自信,而是因自信才可爱。"此话颇有道理。一个自信的男人,会使人仰慕;一个自信的女人,会使人喜爱。而自卑的人时刻在意着别人会怎么看自己,就会不由自主地会在他人甚至是自己喜欢的人面前表现出一种不自在,这种自卑心理不利于与他人的良好沟通,从而影响着与他人的关系,产生误解,造成隔膜与冲突。自信的人在与人交往时坦诚自然,本色的流露助于别人更好地了解自己。有效地与人沟通交流更易建立起健康的人际关系,从而为自己赢得友谊、爱情、成功的事业、发达的前途。

史料记载:拿破仑亲自上阵率领军队作战时,被率领的那支军队的战斗力要比平时增强一倍。原因是统帅的威望使兵士信心倍增战斗力也增强了。如果统帅都没有必胜的信心,对战争抱着怀疑、犹豫的态度,军心便会动摇谁还有勇气上阵杀敌。如果拿破仑在率领军队越过阿尔卑斯山的时候,说:"这件事太困难了。"无疑,拿破仑的军队永远不会越过那座高山。拿破仑的自信与坚强,使他统率的每个士兵都增强了战斗力。有人说:"一个人的成就,决不会超出他的自信所能达到的高度。"所以,无论做什么事,坚定不移的自信力,是达到成功所必需的和最重要的因素。

坚强的自信心,往往能使平凡的男女做出惊人的事业。而不自信和意志不坚定的人,无法展现他们出众的才华,即使他们拥有优良的天赋、高尚的性格,也终难成伟业。自信是通向成功的阶梯，不论你的才干大小，天资高低，只要你具有自信你就会战胜这些缺点，相信自己能做成想做的事，最终能够成功。反之，不相信能做成的事，那就绝不会成功。与金钱、权势、天资、家庭相比，自信是更有力量的东西，是人们成就任何事业最可靠的资本。有了这种资本你的人生才会精彩。

　　这个世界上每天都有不少年轻人走上工作岗位。他们都希望能登上最高阶层，享受随之而来的成功的滋味。但是他们绝大多数人都不具备必需的信心与决心，因此他们无法到达成功的顶点。甚至因为他们不相信自己能够达到，以至于不去找登上顶峰的途径。"一览众山小"的豪气与他们无缘，他们只能与芸芸众生欣赏半山腰上的风景。

　　成功只属于那些自信的人，他们以"我就要登上巅峰"（这并不是不可能的）的积极态度来进行各项工作。这批年轻人善于向那些成功者学习分析问题和作出决定的方式，并且自信有一天能将其超越。最后，他们终于凭着坚强的信心达到了目标。

◎ 珍视和发掘自己的价值 ◎

> 面对集体，自我是微不足道的；面对苍穹，我们是渺小的。我们迷失于价值的海洋，找不到自我。我们应珍视和发掘自己的价值，大声地喊出"我很重要"！

　　每个人的到来都是最优基因使然。一个人既然存在于这个世界上，就要彰显自己的价值。心有多大舞台就有多大。你认为自己的价值有多大，社会回报你

的价值就会有多大。

有一个年轻人什么事都做不好,别人总是嘲笑他又蠢又笨。他很自卑,于是他向老师求助。

老师说:"孩子,我现在帮不了你,我得先解决自己的问题。"他停顿了一下,说,"如果你先帮我个忙,我的问题解决了,之后也许我可以帮助你。"

"那……我能帮您做什么呢?老师。"年轻人很不自信地问道。

老师把一枚戒指从手指上摘下来,交给他说:"骑着马到集市帮我把这枚戒指卖掉。我要还债,记住要卖一个好价钱,最低不能少于一个金币!"

年轻人拿着戒指来到集市,当他拿出戒指表示自己要卖掉它时,人们围上来看,而当年轻人说出了戒指的价格后,有人嘲笑他说他疯了,有人说他痴心妄想。还有一位老人出于好心向他解释一个金币是多么大的一笔钱,用来换这样一枚戒指是多么不值。还有人想用一个银币或一些不值钱的铜器换走这枚戒指,但年轻人记着老师的叮嘱,把这些人都拒绝了。

等集市散场的时候年轻人也没卖出这枚戒指,他骑着马悻悻而归。沮丧地对老师说:"抱歉,我没有换到您要的一个金币。但它也许可以换到几个银币。"

"年轻人,"老师微笑着说,"在这之前我应该让你知道这枚戒指的真正价值。你现在骑马到珠宝商那里去,告诉他我的意思,问问他给多少钱。但是,不管他给多少,你都不要卖,带着戒指回来。"

年轻人来到珠宝商那里,只见珠宝商在灯光下用放大镜仔细检验戒指,然后说:"年轻人,告诉你的老师,如果他真的想卖,我最多给他58个金币。"

"58个金币?"小伙子怀疑自己是不是听错了。

"是啊,如果再等等,也许可以卖到70个金币。如果你的老师不是急着要卖的话……"珠宝商说。

年轻人激动地跑回老师家,把珠宝商说的话告诉老师。

老师听后说:"孩子,你就像这枚戒指,只有真正的内行人才能发现你的价值。不要介意别人的眼光,你要相信自己是最好的。在人生这个大市场里我们要学会珍视自我,自卑无济于事。只有努力拼搏才能让遇到你的人发现你真正的价值,即使这个人不是内行。"

年轻人顿悟,满怀信心地离开了。

有个故事说的是一个人去拜观音,却发现观音在拜自己,并告诉他求人不如求己的道理。有些人总认为冥冥之中有神的存在,会左右自己的人生,因此总是求助于神佛,求助于他人。其实,在人生的舞台上,你要珍视自己,首先想到的应该是靠自己,而不应是别人。因为靠人人会跑,靠山山会倒,只有自己最可靠。拯救和发掘自己的价值是必不可少的成功要素。

美国名将麦克阿瑟在参加西点军校的考试的前一个晚上,紧张得快要崩溃了,莫名的恐惧紧紧地包围着他,他担心如果考不上会是个什么样可怕的结果。其实,麦克阿瑟的成绩一直是十分优秀的。这时母亲告诫麦克阿瑟说:"以你的成绩,做到不紧张,只要发挥正常的水平,一定能考上。如果你想证明给别人看,就要有信心,否则没人会相信你。只要你全力以赴了,不论结果如何,都没什么可遗憾的。"麦克阿瑟听了母亲的话最终名列榜首。

自信建立在对自身能力充分认识的基础上,是树立理想,实现目标的基础。有自信的人才会去行动,有行动才会有成功。自信可以影响人的一生,改变人的命运。自信最有益于人发挥自身的潜能,自信的人是最有战斗力的人,自信的人是最明白自己价值的人,是离成功最近的人。

有一天,黑人小孩乔拉正在公园里玩。有一位卖氢气球的老人推着小货车过来了,看着那五彩缤纷的气球他非常喜欢,但见几个白人小孩在那买,乔拉就远远地躲开了。等到那些白人小孩走远了,乔拉才怯怯地走过来,恳求老人说:"老伯伯,您能卖给我一个气球吗?"

老人慈祥地注视着乔拉,微笑着说:"可以,你喜欢什么颜色的?"

"我喜欢黑色的。"乔拉小声地说。

"好,给你,孩子。"老人递给乔拉一个黑色气球。

乔拉开心极了,他一松手,黑气球就飘了起来,越飞越高。

老人陪着乔拉看着飘飞的气球,轻轻地拍着乔拉的肩膀说:"孩子,记住,气球不是因为颜色而上升,而是因为里面有氢气。人也是如此,一个人的成败并不是皮肤的颜色和种族所能决定的,你心中有没有自信才是决定成功与否的关键因素。"

老人的话乔拉牢记在心。多年后,他成了受人尊敬的心理学教授,并开办了自己的诊所。他把自己的故事讲给那些自卑的人听,帮助他们建立自信,祝他们获得成功。

有自信的人才会激发自身最大的潜能,敢于迎接挑战,创造奇迹,实现人生的价值;不自信的人必然畏首畏尾甚至连尝试一下都不敢,以致裹足不前。一位哲人说:"你停止尝试的时候,就是你完全失败的时候。"

不自信,再加上我们害怕失败、坎坷、打击等,阻止我们迈出那勇敢的一步;有些人聪明绝顶,但却碌碌无为终其一生,因为他们认为自己"做不到"而不敢去做。

有自信才有勇气,才有行动;有行动才有收获;有收获才有成功。

那么,如何增强自信心呢?心理学家们提出了以下十条增强自信心的建议,其效果明显、实用,大家不妨一试。

规则一:与人谈话时,正视对方的眼睛。

规则二:不要总想着自己的缺点,因为每个人都有各自的缺点。

规则三:你感觉明显的事情,其他人不一定在意到。

规则四:切记,当个忠实的倾听者。

规则五:别人讲话的时候认真听,他们就一定会喜欢你。

规则六:给自己找一个能一起分享快乐和承担责任的朋友。

规则七:不要想着利用酒精壮胆提神。

规则八：避免使自己处于不利的环境中。

规则九：拘谨可能使某些人对你含有敌意。而对于有敌意的人，少讲话不是最好的办法，但却是唯一的办法。

规则十：每天照镜三遍——清晨出门时，午饭后，晚上就寝前。清晨照是为了修饰仪表，整理着装，使自己处于最佳状态。午饭后再照一遍镜子，是为了修饰一下自己，保持整洁。晚上就寝时对着镜子里的自己说一句祝福的话。

◎ 强者在困难面前不退缩 ◎

在弱者眼中，困难是猛虎；在强者眼中困难是纸老虎。俗话说：困难像弹簧，你强它就弱，你弱它就强。所以我们没必要在困难面前畏畏缩缩，走过去，打倒它，一切就搞定了。

要想成为一名优秀的员工，首先必须意识到，在日常充满欢笑的工作背后隐藏着的困难：如一份重要合同的失去，或同时兼顾工作和家庭。他们不仅必须和竞争对手展开竞争，而且必须和公司内部觊觎他们地位的员工展开竞争。但强者在困难面前不会退缩。

苹果公司的主要创始人乔布斯的成功，和他不畏艰难勇于追求心中的目标是不无关系的。

乔布斯读书勤奋，善于思考，以优异的成绩考上了大学。由于经济拮据，他靠自己在业余时间做工来赚取生活费用，几乎是半工半读。即使如此，他在19岁那年还是因经济所迫不得不中断了大学学业，提前离开了学校。

随后他在雅达利电视游戏机械制造公司找到了一份工作。但他的志向并不在此。当时,微软电脑刚问世不久,乔布斯虽然没有读完大学,但他对电脑技术颇感兴趣,已经掌握了不少的电脑知识。当时在他生活的美国加利福尼亚的库珀蒂诺镇,不少电脑业余爱好者组织了"自制电脑俱乐部"。乔布斯想:可见在当今世界科技发达之时,个人用电脑更是一个发展方向。既然自己又感兴趣,加上在业余时间对电脑也一直刻苦钻研,为什么不在电脑领域干出一番事业?此时他经过认真思考,他下定决心独闯天下,在研究和开发个人电脑方面大干一场。

他把这个想法告诉了自己的好朋友瓦兹尼雅克。瓦兹尼雅克也和乔布斯一样,因经济所迫放弃了音乐学业的深造,到一家仪器公司当了设计员。两人平时很要好,志趣相投,乔布斯说了自己的想法后,他俩一拍即合。说干就干,于是,两个人立即着手筹备。

但他们两人手头上的钱加起来总共只有25美元。然而他们并未退缩,就是用这一点钱先买了一片微处理器,乔布斯把父亲的修车房作为工作室,两人便开始工作了。读者可能觉得这简直就像是两个小孩子在玩游戏。

然而,他们就是凭着25美元的资本,经过反复试验,终于试装出一台微电脑,把它和电视机连接使用,就可以在电视屏幕上显示出文字和简单的图形来。

他们非常高兴,虽然这只是一个小成果。之后他们把这台个人用微电脑送到了自制电脑俱乐部展示,受到电脑爱好者的热烈称赞和欢迎。他们信心十足,接下来的目标就是试制一批这样的个人用微电脑公开出售,卖的时候竟然非常抢手,有一家电脑商店,一次性向他们订购了350台。这给他们带来了赚钱的机会。

雄心勃勃的两人把自己一切可以变卖的东西都卖掉,换取资本以创立公司。他们用这些钱到当地的一家商店买了一批零件,用29天的时间,就组建了一个小小的微电脑公司。因为乔布斯在半工半读时曾在一个苹果园里工作过,为了纪念那段时光,他们决定把公司命名为"苹果电脑公司"。现在,苹果电脑公司成世界公认的大电脑公司,而乔布斯则被誉为"个人电脑的鼻祖"。

第4章 坚信自己的小宇宙

强者们不怕挫折、困难,执著于自己的梦想,在失败面前也不气馁、不服输,所以成功和幸运只垂青矢志不渝的强者。在奋斗的过程中,只要紧紧握住毅力和信念的利剑,胜利就非你莫属。

美国总统罗斯福是一个有缺陷的人,小时候的他不仅口吃还胆小怯弱,在学校课堂里总显露一种惊惧的表情。他呼吸起来就好像喘大气一样。如果被老师喊起来背诵课文,立即会双腿发抖,嘴唇也颤动不已,因为口吃的毛病回答起问题来也含含糊糊,吞吞吐吐,最后颓然地坐下来。由于牙齿的暴露使他没有一个好看的面孔,因此原本难堪的境地更是雪上加霜。

我们有时认为像他这样的小孩一定很敏感,常会回避同学间的活动,不喜欢交朋友,成为一个可怜的人!然而,罗斯福并没有因这些身体缺陷而消极,事实上,缺陷促使他更加努力奋斗。他的勇气并没有因为同伴对他的嘲笑而减低。他坚强的意志使喘气的习惯变成了一种坚定的嘶声;他咬紧自己的牙床使嘴唇不颤动,以减轻他的恐惧。

没有一个人能比罗斯福更了解自己,他从来不欺骗自己,罗斯福从不认为自己是勇敢、强壮或好看的,他清楚自己身体上的种种缺陷,他用行动证明了自己可以克服先天的障碍而取得成功。

凡是缺点不能克服,他便加以利用。通过演讲,他学会了如何利用一种假声,掩饰他那无人不知的龅牙和大喘气;通过不断的肢体练习他克服了自己打桩工人的姿态。虽然他的演讲中并不具有任何惊人的辞令,然而在当时,他却是最有力量的演说家之一。

由于罗斯福在意识到自我缺陷的同时,没有在缺陷面前消沉和退缩,而是全面正确地认识和评价自己。不因缺憾而气馁,甚至将它加以利用,变缺陷为动力,使自己登上名誉的巅峰。晚年的罗斯福更加受人爱戴,已经很少有人知道他曾有严重的缺陷。

心理学家认为,强者在困难面前是不会退缩的,困难不能击垮他们的自信,他们会像洒扫街道一般，将存在于心灵街道上的最阴湿黑暗角落里的自卑感清除干净，巩固他们的信心。自信使你战胜困难，它是所有成功人士必备的素质。要想成功，首先必须建立起自信心，有了它我们才会克服困难，新的机会才会随之而来。

每一个人都会有一些难以逾越的障碍，但障碍不得不克服，因此需要根据自己的特点有意识地训练自己的勇气，使自己迈向成功的道路更加平坦。所以要想成为强者，就不要在困难面前退缩，把梦想和目标定得高一些，怀着十足的信心和动力去面对新的挑战。

◎ 心态决定你的人生 ◎

> 你不可以改变天气，但你可以左右心情；你不能预知明天，但你可以把握今天；你不能样样顺利，但可以事事尽力；你不能改变容貌，但你可以展现笑容；你不可以决定生命的长度，但你可以扩展生命的宽度。

心态是人生真正的主人，改变人生要从改变心态开始。心态控制了个人的行动和思想，决定了我们的视野、事业和成就。只要心态是积极的，黑暗的世界也会变光明。你用什么样的眼光看待世界，世界便是什么样子，它会因你的观点而改变。

纳粹德国集中营的幸存者维克托·富兰克尔说过："就算是到了最艰难的环境里，人也还有一种自由，就是选择自己心态的自由。"心态是横在人生之路上的双向门，一边是成功，一边是失败。人们可以把它转到成功的一边；也可以把它转

第4章 坚信自己的小宇宙

到失败的一边。你不能左右天气,但你可以改变心情;你不能控制环境,但你可以调整心态。当我们面对日益激烈的社会竞争、突如其来的打击、复杂的社会人际关系无计可施时,唯一能做的就是调整自己的心态。

哲学家斯宾诺莎提出了一个著名的观点:快乐和痛苦是完全可以相互转换的。积极心态的人往往积极地思考,保持乐观的情绪,他们不拘泥于成规,而是创造成功的条件;而失败者心态消极、空虚、悲观,他们被过去的失败和忧虑所支配着。当然,积极的心态不能代表你的人生一帆风顺,但是,它一定会改善你待人处事的方式,进而改善你的人生。

世间万物如同一枚硬币的两面,人生也有正面和背面。光明、希望、愉快、幸福……这是人生的正面;黑暗、绝望、忧愁、不幸……这是人生的背面。那么,你会选择哪一面呢?所以要持两种观念来看待,一个是正面积极的,另一个是负面消极的,怎么看完全决定于你自己的想法。好的心态让人快乐,有朝气,积极进取;消极的心态则使人沮丧,难过,丧失主动性。积极的心态是健康的心理行为,它有助于发挥你的潜能;负面的心态,只会带给你负面的情绪,阻碍你能力的发挥。

心理学家认为:以为自己处于某种状态并相应地为之,这种状态就会越发明显。也就是说,你想要什么状态,就算你不处于那种状态,装出你已经有了那种状态,并在言行中表现出来,久而久之你就会真的处在那种状态之中。所以一切的根源不是事物的本身,而是有权对该事物持不同态度的我们自己。心态决定一切。我们无法改变世界,但我们可以改变对这个世界的看想;我们无法改变生命的长度,但我们可以扩展它的宽度。

雨后,一只蜘蛛艰难地向墙上已经被雨打得支离破碎的网爬去,由于墙壁湿滑,它总是会掉下来,但它不焦不躁,也不放弃,一次次地掉下来,一次次地从头再来……

路过的第一个人看到了,叹了一口气自言自语道:"我的一生不正如这只蜘蛛吗？忙忙碌碌而无所得。"于是，他日渐消沉。

路过的第二个人看到了，他说：这只蜘蛛真是认死理，为什么不从旁边干燥的地方绕一下爬上去？我以后可不能像它那样。于是，他变得日益聪明起来。

路过的第三个人看到了，他立刻被蜘蛛屡败屡战的精神感动了。于是，他变得更坚强了。

不同心态的人看待同一件事物有不同的角度，用积极的心态处处都能发觉成功的力量。做人做事，必须要有好的心态。想要改变自己的命运，首先要改变自己的行为态度。改变结果和外在的环境实在很困难，更没有把握改变他人，唯一能改变的就是自己的心态。

积极的心态会带给你积极的人生。你经常这样想，并有意识地去做到最好的话，你的人生就会成功，因为良好的心态产生良好的生活状态，这这样有助于你圆满地完成工作，进而增加你的自信，而自信又给你带来好心态，就形成了一个良性循环。一个人随着年龄的增长越懂得如何做人，他会越发觉得努力就一定能成功，且除了自己，没有人能左右你。

一个人能成为什么样的人，取决你自己决定做一个什么人；一个人拥有什么样的命运，取决于自己的选择。不要轻易说我已经尽力了，该想办法还是得想；不要轻易认为某一件事根本不可能做成就轻易地放弃了。相信自己能行，就一定行！

第 4 章　坚信自己的小宇宙

◎ 财富源于你的积极心态 ◎

　　财富不单纯是指金钱,亲情、友情、爱情,都是我们人生中的宝贵财富。同样,积极的心态也是一种财富,与此同时,它还能创造财富。既然如此,我们不应该把积极的心态奉为上宾,据为己有吗?

　　对于渴望致富想摆脱贫穷命运的人而言,最重要的是认识到自己一无所有的原因所在,这对以后致富道路的发展至关重要。那些持"反正我也是一贫如洗,再怎么努力奋斗也无济于事"的态度的人,必将一事无成,贫困终生;而抱着"虽然我眼下一无所有,但我希望通过我的努力改变现状"的想法的人,则将成为真正的胜者。所以说积极的心态才可为你带来未来的财富。

　　犹太人有着痛苦的生存历史,他们面对那些不断流浪、迁徙、被人屠杀的濒临绝望的日子,始终抱定"生活和命运一定会好转"的信念,而顽强地活了下来。

　　在他们的民族中,曾长期流传着一则名为"飞马腾空"的故事:

　　古时候,有一个人因惹怒国王而被判了死刑,这个人向国王请求饶他一命。

　　国王说:"你有什么资格让我饶恕你?"

　　他说:"您给我一年的时间,我就能使您最心爱的马飞上天空。"

　　国王很是惊讶,但却不信他有这种魔力。

　　这个人说:"假如一年后,您的马儿仍然不能翱翔天空,那么我就愿意被处死刑而毫无怨言。"

　　于是,国王答应了他的请求,把他关进了大牢。

一个囚犯朋友问他:"你不要信口开河,马儿怎么能飞上天空呢?"

他说:"一年之内可以发生很多变数,也许国王会死,也许我自己会病死,更说不定死的是那匹马。如果一切还是老样子,那我也能多活一年!"

这个故事告诉我们:积极的心态能够挽救人的生命,造就一切。所以对待致富也要采取一个积极的心态,这是致富的关键。

仔细观察比较一下平凡的人与成功者的心态,我们就会发现,是心态导致了人生惊人的不同。

同村有两个年轻人,为了比谁更优秀,于是决定以打赌看谁走得离家最远来定输赢,于是两人同时骑着马向不同的方向出发了。

其中一个人走了十三天心想:"我已经走了很远了,李三他肯定没有我走得远。"于是他返回了家乡重新开始了他的农耕生活。

但那个李三并为回到村子,他一连走了七年杳无音信,人们都以为这个傻瓜为了一场没有必要的打赌而丢了性命。

直到有一天,一支浩浩荡荡的大军向村里走来,当队伍临近时,人们惊喜地叫道:"那不是李三吗?"果真,消失了多年的李三已经成了军中统帅。

他下马后,先向村里人致意,然后问:"安华呢?我要谢谢他,因为和他的那次打赌让我有了今天。"人群中的安华羞愧地说:"祝贺你,好伙伴。可我至今还是农夫!"生活中有很多人都因这种暂时满足的心态最终平庸无为。

做事若想达到最好,就得有远大的眼光和持之以恒的诚心。一个有计划、有远大目标的人,一定会不辞劳苦、聚精会神地向前迈进。他们从来不会想到得过且过,他们唯恐自己成为一个仅能填饱肚子的人。他们每天都在有计划地进步,不管自己是走了一寸还是一尺,生活永远是崭新的。消极的心态往往导致不思进取,那些懦弱无能、无法克服自身危机的人,才一天到晚埋怨事情难做。而那些自信的人,从不跑到别人面前诉苦,只会自己埋头苦干。

大音乐家奥里·布尔与他的提琴的故事,实在是一般工作者学习的最好例

第4章 坚信自己的小宇宙

子。奥里当还只有8岁时,贫穷与疾病紧紧地压迫着他,他的父亲考虑到他的身体,反对他学提琴。但对音乐的热爱使奥里常常深夜起床,伴随着他那把红色小提琴,练习他喜欢的歌曲。直到长大成人那把琴从没有离开过它。他苦学成才的故事令听众们惊叹不已。这位名震全球的音乐家只要一演奏起他的曲目,就会倾倒无数的听众,欣赏他的音乐如同微风拂面,想让你跟着乐声舞动起来;欣赏他的音乐如临仙境,如身边弥漫着阵阵花香,让人忘了一切烦恼辛劳;他的音乐涤荡心灵,不知多少听众受到了感化,养成了良好的性格。正因为对音乐的无比热忱和专心,所以他终能打破一切障碍,闻名世界。

我们随时都可以碰到这样的人:他们偷闲苟安、怠惰消极,在他们的眼里好像世上一切好的位置、有出息的事业都已宣告"客满"。他们对于自己所拥有的广博才识与能力毫无所知,也不知道自己身体里究竟藏着多少能量,遇到任何事,只知拿出一小部分力量来敷衍。他们似乎要永远守在空谷,不肯攀登山巅,也不愿睁开眼来,把广袤的宇宙看个清楚。这些人随便走到哪里,都不会有他们的立足之地。社会上急需的是那些肯领头、敢于奋斗、有主见的人。他们有思想、能判断、善独创、刻苦耐劳大有前途。而那些专门埋怨没有机会或命运不济的人,一辈子也不会成功。

普拉斯曾说:"乐观的人在每一次忧患中都能看到机会,而悲观的人则在每次机会中都看到某种忧患。"如果你的思想积极,就算是身处地狱,你也会发现天堂的入口;假如你想法消极,即使你身在天堂,你也不会感到温暖明亮。一个人思考的角度决定了你面对事情的态度。

卢梭曾经写道:"如果一个人从心底就惧怕痛苦、惧怕困难、惧怕不测的事情,那么他永远也成就不了什么大事。"这句话启示我们,一个内心充满着"办不到"、"不可能"消极想法的人,那么他最终就真的会办不到任何事情。假如你想出人头地,就必须调整自己消极的想法,拥有积极的想法。这样,他才能看见自己生命的阳光。

为什么有些人能够成为富豪,有些人却一贫如洗?那是因为他们的心态不同,不同的心态决定他们看到的景色也大不相同。成功的创富者始终用积极的思想、乐观的精神、潇洒的态度来支配自己的人生。他们不断地克服困难,从而不断地取得成功。而失败者则精神空虚,他们因悔恨昨天而失去今天,以自卑的心理、失落悲观的心态作为人生的前导,其后果只能是从一个失败走向另一个失败,或是停留于过去的失败之中,不再奋发。

◎ 强者的心态铸造强者的命运 ◎

只有勇敢的心灵才能翱翔于高川大海、暴风骤雨之间,才能练就强而有力的人生翅膀。

要成功首先就要有好的习惯,如积极的思维、语言、微笑、手势、积极的行动等。强者拥有积极的心态。

积极的心态就是把好的、正面的情绪扩展开来,并在第一时间投入到这种状态中去。积极的心态不但使自己的人生充满阳光,也会给身边的人带来阳光,正所谓积极的人像太阳,走到哪里哪里亮。积极的心态,往大脑中输入正面的信息,开启心智,想出解决问题的办法;积极的心态会让人有信心和勇气面对挫折,不断前进。

有一位名叫阿至的可爱男孩,我们认为他是位真正的男子汉,一个真正意志坚强的人。

阿至本来在运动方面很有天分,但不幸的是他在刚入中学不久就患上了癌症,癌细胞扩散到一条腿上,医生告诉他必须动手术,他的一条腿便被切掉了。出院后,拄着拐杖返回学校的阿至乐观地告诉朋友们,说他将会安上一条木头做的腿,还开玩笑说:"到时候,我便可以用图钉将袜子钉在腿上,你们谁都做不到。"

时光飞逝,学校一年一度的足球赛季就要开始了,阿至去找老师问他是否可以当球队的管理员。在练球的几个星期中,他每天都帮老师带着训练用的沙盘模型准时到球场,他顽强的勇气和毅力也感染了全体队员,大家练球的情绪十分高涨。但有一天下午他没来参加训练,焦急的老师和同学们通过打听才得知阿至因病情恶化住院了。医生说阿至的癌细胞已扩散到肺部,最多只能活两个月左右。同学们和阿至的父母决定不将此事告诉他,希望阿志能快乐地度过生命中最后的时刻。

果然,几天后阿至带着满脸笑容又回到球场上看其他队员练球了,并给其他队员加油鼓劲。因为他的鼓励,球队在整个赛季中保持了全胜的纪录。大家为庆祝胜利举行了庆功宴,阿至因身体虚弱没有来参加宴会。宴会上队员们决定送阿至一个有全体球员签名的足球以感谢他为球队做出的付出。

几周后,阿至又回来了,虽然他脸色十分苍白,但还是满脸笑容地跟朋友们打招呼。他与球队队员们到办公室看望老师,老师轻声责问他:"怎么没有来参加宴会?""老师,您不知道我正在节食吗?"他用笑容掩盖了脸上的苍白。

其中一位队员拿出为他准备的"胜利足球",说道:"阿至,这个足球送给你,都是因为你,我们才能获胜。"阿至被大家的真诚所感动,含着眼泪轻声道谢。

后来他们在谈天中愉快地度过了一个下午的时光,他们预想明年的比赛一定还会大获全胜,老师和他们谈了下个赛季的设计……然后大家互相道别,阿至走到门口时以坚定、冷静的目光回头看着老师说:"再见,老师!"

老师问:"你意思是说,我们明天见,对不对?"。

阿至的眼睛亮了起来,微笑着说:"您别替我担心,我没事!"说完话,他便离开了。

两天后，阿至离开了人世。

原来阿至早就知道他的死期，但他却能坦然面对，这说明他是一个意志坚强、积极思考的人，他将悲惨的事实转化为富有意义的生活体验。或许有人会说："可他还是死了，积极思想最终也未能挽救他的生命。"可在他生命的最后时刻，没有给爱他的人留下痛苦的回忆，他们记住的是他温暖明亮的微笑，他顽强的身影已经被人们琢刻成心中的挚爱天使加以敬畏，他的事迹发人深省，让人们思考生命的真谛，他的积极心态创造了最坏环境中最温暖的力量，不逃避现实，不被命运击倒。虽然他的生命如此短暂，但他把勇气、信仰与欢笑永远留在他所认识的人心中。一个人能做到这一点，你还能说他的一生失败吗？

这就是积极心态的力量，积极心态的特点是自信、乐观、真诚，消极心态的特点是自卑、失望、虚伪。"积极"能使一个心智柔弱的懦夫成为意志坚强的英雄。只有你自己才能把握自己的心态，你是命运的主人，你的心态塑造了你的未来，这是一条普遍的规律。

心态如何也在很大程度上决定了人生的成败。最初的心态就决定了最终的成就。在人的一生中，积极的心态是一种有效的心理工具，是自我了解的必备素质。心态决定了结果，如果你认为自己能够发挥潜能，那么，积极的心态便会使你产生力量，从而使你如愿以偿。

积极的心态能将人的弱点转化为力量，提高人了解自己的能力，面对困难不畏惧，能永远立于不败之地。他们会从糟糕的事情中掌握对自己最有利的结果，他们是真正的强者！

如何把握自己的心态获得成功的动力，是人生最大的难题之一。对于那些敢拼能赢的人而言，铸造积极的心态就是他们的特长，他们能在各种不利的因素中，重新把握自己的心态，重新振翅飞翔，所以强者的心态铸就强者的命运。

第 5 章
成功就是走少有人走的路

成功不是只有伟人才可以办到，没有人天生被注定成功与失败。有时成功需要打破常规，不被世俗的框架束缚，敢于创新，才能走出一条发展之路。真理的诞生注注遭到现实的阻挠，只要勇于坚持自己正确的观点，专心做好事情，就能打开通注成功之路的大门。

◎ 不要盲从，要有自己的思考和判断 ◎

> 每个人都是一个独立的个体，世界上不存在两个完全相同的指纹，也不存在两片完全相同的叶子。正是因为不同才有了多彩的世界，所以我们没有必要盲从他人。

在这个竞争激烈的社会，机会往往伪装成了陷阱，而真正的陷阱看上去又往往像是诱人的机会。信息社会的高速发展往往让人迷失于信息的海洋，各种纷繁的信息常常也如猎人布下的陷阱一样，使得我们处于一团混乱的迷雾中。我们要在这团迷雾中辨清方向就不能盲从，要有自己的思考和判断。

曾获得奥斯卡最佳女演员奖的索菲娅·罗兰是意大利著名影星，她的演技炉火纯青，自从影以来，拍过60多部影片。

当年她来到罗马，要圆演员梦，但是周围充满了各种意见。用别人的话说，她个子太高，臀部太宽，鼻子太长，嘴太大而下巴又太小，根本不像个一般的意大利式电影演员。

只有制片商卡洛看中了她，并带她去试镜，但很多次摄影师们都抱怨无法把她拍得美艳动人，因为她的鼻子太长而臀部又太"发达"。最后无计可施的卡洛建议索菲娅去整容，他说："如果你真想干这一行，就得把鼻子和臀部'动一动'。"屡受挫折的索菲娅却断然拒绝了卡洛的要求。她说："我为什么非要和别人长得一样呢？我的鼻子是脸庞的中心，它赋予我脸庞以性格，我就喜欢我的鼻子和脸保持它的原状。我的臀部也是我的一部分，我只想它保持现在的样子。"

第5章 成功就是走少有人走的路

她没有因为别人的言论而停下奋斗的脚步,而是靠自己内在的气质和精湛的演技来取得胜利。她成功了,那些有关她"鼻子长,嘴巴大,臀部宽"的体征在别人眼中反倒成了美女的标准。

在20世纪行将结束时,索菲娅被评为了20世纪的最美丽的女性之一。她在自己的传记中写道:"自我开始从影起,我就出于自然的本能,谁也不模仿,我知道什么样的化妆、发型、衣服和保健最适合我。我从不去做时尚的奴隶。我只要求看上去就像我自己,如果哪天'本色'要找代言人我觉得非我莫属……"

只有充满智慧的人才能冲破人世间的纷扰保持本色。人是万物之灵,如果我们在面对问题时,没有自己的思考和判断,那么我们和庸碌的动物何异?

乔治·唐纳是一家大型跨国公司的老板,除了做生意,他一生之中最大的爱好就是到原始森林里探险和狩猎。这不但让他远离喧闹的人类社会感悟到原始的神奇与智慧,更能够在丛林里找到与商场战胜对手不同的刺激感受。

在经历了无数次的冒险以后,乔治决定冒一次更大的险,他要去非洲,听说那里的原始丛林无异于洪荒时代。于是他独自来到了广袤的非洲大陆,与往常一样,他的第一要务就是进入原始森林里狩猎。

在与自己的向导在森林中转了几个昼夜以后,仍一无所获的他们终于碰到了一头狼。这头狼马上成了他们的目标猎物。他们将这头狼追到一个近似于丁字型的岔道上,正前方是迎面包剿过来的向导,后方是端着猎枪的乔治,狼被夹在中间。在这种情况下,那头狼本来可以选择岔道逃掉,但出人意料的是狼没有选择岔道,而是迎着向导的枪口扑过去,准备夺路而逃!狼在夺路时被捕获,它的臀部中了弹。在向导准备剥下狼皮时,乔治制止了他,因为乔治一直在疑惑难道那条岔道比向导的枪口更危险?乔治问向导:"你认为这头狼还能活吗?"向导点点头,说:"埃托沙的狼是一种很聪明的动物,它们知道只要夺路成功,就有生的希望,而选择没有猎枪的岔道,必定死路一条,因为那条看似平坦的路上必有陷阱,这是它们在长期与猎人周旋中悟出的道理。"乔治打开随身携带的通讯设备,让停泊在营地的直升机立即起飞,他要救活这头狼。因为这头狼给了他狩猎以来第一次大的触动,紧急情况下不盲从自己的选择,你才不会丧失生命!

直升机载着受伤的狼飞走了,飞向500公里外的一家医院。那头狼最后救治成功,如今在纳米比亚埃托沙禁猎公园里生活,所有的生活费用由乔治·唐纳提供。

在这个纷繁的社会,真正的陷阱会伪装成机会,而真正的机会也会伪装成陷阱。因此,我们不要盲目地相信一些表面现象,要从现象中挖掘本质,要有自己的判断。

◎ 敢于坚持自己正确的观点 ◎

> 真理的诞生注注受到现实的阻挠,我们要敢于坚持自己正确的观点,我们要坚持走自己的路,并且敢于做别人不敢做的事情,只要坚持自己的正确的观点,终有一天你会成功的。

走别人没有走过的路,才能留下自己的脚印,不然你的足迹只是众多脚印中不被注意的一个。创新往往是一个艰辛的历程,它不仅需要清楚的目标、执著的精神,更要有承受冷落、失败、挫折的心理能力。比如:当你突破常规做别人没做过的事或是做那些所谓伟人都没有做成功的事时候,你周围的人就可能会认为你不正常,嘲笑你异想天开,并因此而疏远你。这些都不重要,重要的是你敢于去做,就算你最终失败了,你当初的勇气也是现在及未来让你感到自豪的事情。

第 5 章　成功就是走少有人走的路

当然，创新不一定就是彻头彻尾地改变、否定以前的一切。创新可能是对资源的一种整合，它也可能是对自己潜质的一种挖掘。重要的是你勇于行动了，很多事实证明，成功的人并不一定是最"守规矩"的人，而是那些肯动脑筋、突破常规的人。

拿创业来说，从白手起家建立一番伟业，其中的艰辛是可想而知的。年轻的创业者总会在经验和资本这些方面或多或少有些欠缺，但这不是事业成功的唯一条件。无论在创业的开始，还是事业真正发展的阶段，毅力都是不可缺少的一种精神食粮。如果很容易就干成一件事情，那么谁都是成功人士了，所以从来没有一帆风顺的事业。在关键时刻不倒下，不放弃，克服并战胜这些艰难困苦，成功才会在不远的地方等着你。对于许多创业成功的人士而言，困难挫折都是为了让你更成功而设的小把戏。

罗尔斯说："信念值多少钱？信念是不值钱的！它有时甚至是一个善意的欺骗，然而你一旦坚持下去，它就会迅速升值。"事在人为，信念就是所有奇迹的萌发点，只要肯动脑筋想办法，任何事情都能做到。

出生在纽约声名狼藉的大沙头贫民窟的罗杰·罗尔斯是美国纽约州历史上第一位黑人州长。他从小生存的环境肮脏又充满暴力，是偷渡者和流浪汉的聚集地。出生在那里的孩子耳濡目染，从小就逃学、打架、偷窃甚至吸毒，长大后也很少有人从事体面的职业。然而罗杰·罗尔斯却是个例外，他不仅考入了大学，而且成了州长。

在就职的记者招待会上，一位记者对他提问：我们知道你从小生活的环境对你的成长很不利，是什么把你推向州长宝座的？面对 300 多名记者，罗尔斯对自己的奋斗史只字未提，只谈到了决定他命运的小学校长——皮尔·保罗。

皮尔·保罗被聘为诺必塔小学的董事兼校长是 1916 年。当时正值美国嬉皮士流行，他发现这儿的穷孩子比"迷惘的一代"还要无所事事。这些孩子不与老师合作，旷课、斗殴，甚至砸烂教室的黑板。皮尔·保罗想了很多办法来引导他

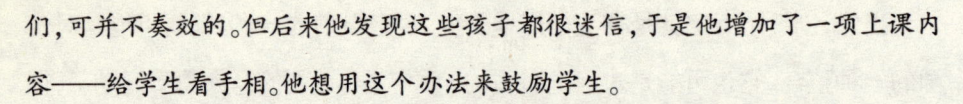

们,可并不奏效的。但后来他发现这些孩子都很迷信,于是他增加了一项上课内容——给学生看手相。他想用这个办法来鼓励学生。

当罗尔斯从窗台上跳下,伸着小手走向皮尔·保罗时,皮尔校长说:"我一看到你修长的小拇指就知道,你将来一定是纽约州的州长。"这话让罗尔斯大吃一惊,因为长这么大,只有他奶奶说过他可以成为5吨重的小船的船长。这一次,皮尔·保罗先生的话着实出乎他的预料,竟说他可以成为纽约州的州长。他记下了这句话,并且相信了它。

从那天起,"纽约州州长"这个信念就像一面旗帜引导着罗尔斯,他的衣服不再沾满泥土,说话时不再夹杂污言秽语。他一改嬉皮士的作风挺直腰杆走路,在以后的40多年间,他没有一天不按州长的身份要求自己。在他51岁那年,他终于成了州长。

许多人总是将别人的成功归结为运气好,机会好。无志之人常立志,有的人一天到晚都有很多想法,甚至连有钱后怎么花都想到了,但还是天天按照固定的路线上班下班,趁领导不注意出去吃顿廉价的早餐……这样日复一日年复一年地生活着。直到自己的孩子都会叫爸爸了,只好把自己的理想和抱负寄托在小孩身上,还时常对自己的孩子抱怨:"爸爸这辈子机遇不好,没啥指望了,你可要好好努力,抓住机遇,不要让我失望噢!"

其实这种一生碌碌无为的人也有理想和追求,只是他的理想和追求没有坚持下去,被他们以各种理由放弃了。他们不敢坚持,总是在想万一失败了怎么办,却从不重视过程。失败是成功之母的真正含义在于你是否从失败中汲取了经验教训,通过每次失败后发掘自己失败的原因,校正前进的方向,才能逐步迈向成功!既然选择了远方就只顾风雨兼程,看轻结果重视过程,不抛弃不放弃,只有敢于坚持才能看到成功的风景。

第 5 章　成功就是走少有人走的路

◎ 创新才能看到人生的希望 ◎

> 创造力是每一个人都有可能发展的一种能力，把创造力限制在少数科学家文学家的创作上是一种陈腐的观念。

创新，直接关系到一个年轻人未来的成败荣辱，因为只有创新才能激活自己的思维和才智，从而激活自己全身的能量。

对大多数人来说，创新、创造似乎只是少数天才的专利。有位先生在给学生上课的时候，责怪过爱因斯坦虽创造了天才的物理学理论，但没有给后人留下他如何思考问题的方法，因而后人很难向他学习。其实，创造不分大小，内容和形式也可以各不相同。

在当今世界，创造活动已经不仅局限于科学家、发明家在实验室里的工作，它已经深入到普通人的生活、工作、学习之中，它是思维的火花，是人人都可以进行的社会实践活动，任何人在任何方面随时随地都可能迸发出创造的火花。

如今最有人气的企业家都锁定了两个字——创新，无论是产品创新的李彦宏、技术创新的邓中翰，还是模式创新的江南春，他们所介绍的经验和发表的感慨也都浓缩成了两个字——创新。

在他们不同的成长历程中，我们却可以发现一条相同的脉络：是创新引领他们走向成功之路的。

有一位孤独贫穷的年轻画家，为了理想他毅然远行他乡。起初他应聘到堪萨斯城的一家报社，那里的良好氛围正是他所喜欢的，不久主编看了他的作品

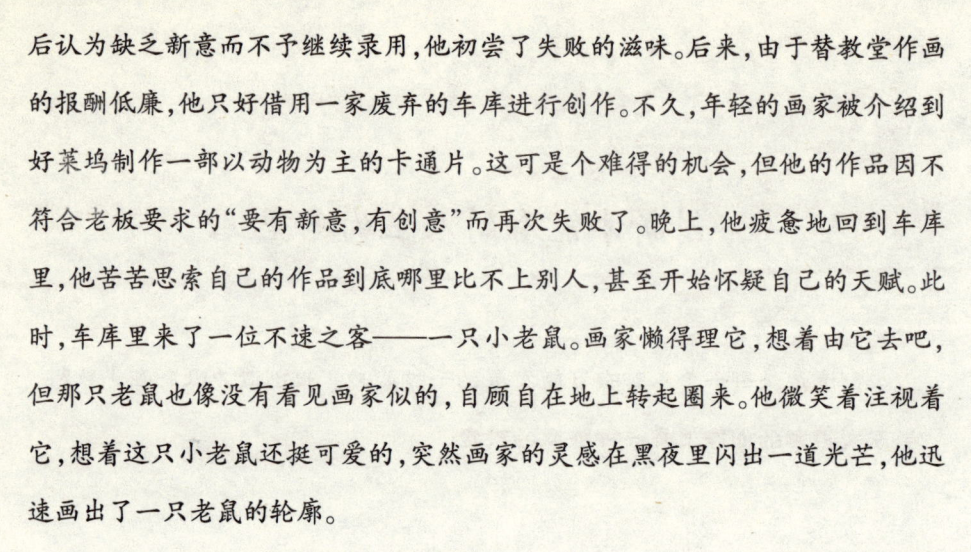

后认为缺乏新意而不予继续录用,他初尝了失败的滋味。后来,由于替教堂作画的报酬低廉,他只好借用一家废弃的车库进行创作。不久,年轻的画家被介绍到好莱坞制作一部以动物为主的卡通片。这可是个难得的机会,但他的作品因不符合老板要求的"要有新意,有创意"而再次失败了。晚上,他疲惫地回到车库里,他苦苦思索自己的作品到底哪里比不上别人,甚至开始怀疑自己的天赋。此时,车库里来了一位不速之客——一只小老鼠。画家懒得理它,想着由它去吧,但那只老鼠也像没有看见画家似的,自顾自在地上转起圈来。他微笑着注视着它,想着这只小老鼠还挺可爱的,突然画家的灵感在黑夜里闪出一道光芒,他迅速画出了一只老鼠的轮廓。

就这样,有史以来最伟大的卡通形象——米老鼠诞生了,而画家沃尔特·迪斯尼也因此扬名。

创新能力是每个正常人都具备的自然属性与内在潜能。很多人不愿创新或不敢创新,是因为他们头脑中关于得失、是非、安全与冒险等固有价值判断的标准禁锢了他们的思维,这使他们常常不能换一个角度想问题。

举一个例子,假如一个人有两种赢钱的机会:一种是有机会赢80元钱,几率是100%;而另一种是只有85%的机会赢100元钱。在这样的情况下,人往往会选择那个较保险的方式——选择80元钱,而不愿冒有15%不赢钱的风险去赢那100元钱。

这个例子说明,平时我们之所以不能创新或不敢创新,常常是因为我们想问题从惯性思维角度出发,以至于顾虑重重、缩手缩脚。而一旦我们把问题换个角度来考虑,就会发现很多新的机会、新的成功。

其实许多有创意的方法都是来自于"换一面"想问题,在对待同一件事时,变通一下,从相反的方面来解决问题,最尖端的科学发明会就此诞生。所以爱因斯坦说:"把一个旧的问题从新的角度来看需要创意的想象力,这成就了科学上真正的进步。"

著名化学家罗勃·梭特曼发现了带离子的糖分子对于人体是很重要的。他想了很多方法从无机化学的观点以求证明,都没有成功,直到有一天,他突然想到如果从有机化学的角度来看这个问题是不是就可以证明了,结果,他成功了。

不求有功但求无过是平庸之人的做事准则。还有的人认为创新与自己无关,是老板的事,自己只要做好分内的工作就可以了。如果这样想,那么你充其量只能做个让老板放心,但绝不会令老板欣赏的员工。因为在这个以"新"求胜、以"新"求发展的世界,员工创新能力的高低程度决定着公司的创新力和竞争力的高低。只有热爱创新勇于创新的人才能得到发展。

创新并不是高不可攀的事,每个人都有某种创新的能力。作为在平凡生活中追求梦想的普通人,用"换一面"想问题的方法所取得的成效,也不亚于科学家们的新发现。创新是普通人与天才之间的桥梁,并不是不可逾越的鸿沟,创新能力与其他能力一样,是可以通过训练和实践而激发出来的。它是人类共有的可开发的财富,是取之不尽,用之不竭的能源。

谁能拥有创新思想,谁就会成为赢家,创新是一种态度,这种态度让你拥有无数的梦想,一个有着创新梦想的青年人,绝对拥有闪亮的人生!它让你渴望自己的生活变得不同,并鼓励你去尝试新的事情,从而把一切变得更美妙、更有效、更方便。

◎ 时刻清醒地认识自己 ◎

草长在高山上可以减少水土流失,被人称赞;长在城市的花园里可以净化环境,自然得到人们的爱护;长在沙漠里,给人带来了生命的绿意;但如果一棵草长在了麦田里,它就会被农夫毫不犹豫地拔去。

现实生活中,确有这样一种人,每天生活在唉声叹气和怨天尤人的牢骚之中。他们的眼睛、耳朵好像长得不合时宜,总是对什么都看不惯,对周围的一切横挑鼻子竖挑眼,抱怨命运,忿忿不平且痛恨别人,大骂世事不公,哀叹老天无眼。而很少从自己的心态、素质、工作能力等方面查查自己的原因。

有一则《井蛙归井》的寓言说:井里的青蛙向往大海,于是请大鳖带它去看海,大鳖欣然同意。青蛙跟随大鳖经过跋涉终于见到了一望无际的大海,惊叹不已的它急不可待地扑进大海之中,不料却被一个巨浪打回海滩,摔得晕头转向。大鳖见状,只好让青蛙趴在自己的背上,背着它在海中游了一会儿,青蛙逐渐适应了海浪,但觉得有些渴了,于是它张嘴吞了一口海水,没想的是海水又苦又咸;他又有些饿了,却怎么也找不到一只可以吃的虫子。折腾得筋疲力尽的青蛙对大鳖说:"大海的确很好,但以我的身体条件,不能适应海里的生活。看来,我还是得回到我的井里去,那儿才是我的乐土。"

这则寓言告诉我们:要正视自己,给自己以准确的定位,把自己的能力扎根于自己最适合的土壤才有利于自己的生长。井底之蛙有井底之蛙的生存空间,河边之蛙有河边蛙的生活环境,田间之蛙有田间蛙的生存条件。忽视自己的自身定位而盲目追求是可怕的。身为社会人的我们扮演了很多角色,在每个角色中找准自己准确的定位至关重要。

下边这则寓言正说明了这个问题。

有一棵草在农夫将要把它除掉的时候气急败坏地质问农夫:"瞧瞧你在干什么!你了解我的价值吗?我给人类带来了清新的空气和生命的绿意,我保护着堤坝不被雨水冲刷。在茫茫戈壁,人们会因见到我的踪迹而欢呼雀跃,而现在,你竟然愚蠢地要除去我!"但农夫听不到草的咆哮,他挥汗如雨,一边用力地挥舞着锄头,还一边抱怨到:"这些草,什么地方不好长,偏偏长在我的麦田里!"

找到和找准自己的位置很重要。正像上面所说的"草",它长在高山上可以保护水土流失,被人称赞;它长在城市里可以美化环境,自然得到人们的关照。然而,它却没有找准自己的位置,长在了农夫的麦田里,其命运必然是被除掉。

草之鸣不平无济于事,因为它错误的生长环境,没有谁会把它看得那么重要。正如印度哲学大师奥修说的:"玫瑰就是玫瑰,莲花就是莲花,只要去看,不要比较。"因此,如果你是一棵草你就不要长在别人的麦田里,如果你是井底之蛙就要不要妄想生活在大海里。

每个人都要了解自己的特质。每个人的性格、爱好、风格、专长都不一样,将它们予以准确充分的发挥,你就会取得适合自己的成功。反之,如果人云亦云,不考虑自身特点,将自己变成"批量生产中的一个",就会像一般的商品,价格充其量也就在十元八元左右,永远不可能变成珍宝。因此,每个人都应设法找准自己的定位和优点,并且把它充分发挥出来。

笑看花开花落,淡看云卷云舒是人生的一种境界,清醒地认识自己的人内心是平静的,不会感叹命运的不公,不会感叹自己怀才不遇,悔恨明珠暗投,因为他们总把自己摆在最适合自己的位置上。社会上确实有许多不公平的现象,但绝对的公平才是最大的不公平,面对不公,最好的办法就是加倍努力靠实力证明自己。但这一切的前提是要时刻清醒地认识自己。

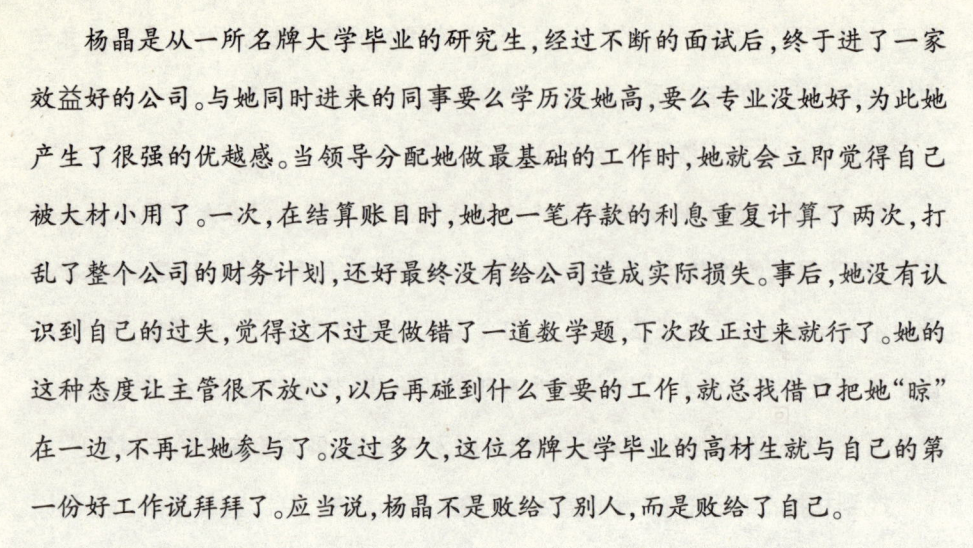

杨晶是从一所名牌大学毕业的研究生，经过不断的面试后，终于进了一家效益好的公司。与她同时进来的同事要么学历没她高，要么专业没她好，为此她产生了很强的优越感。当领导分配她做最基础的工作时，她就会立即觉得自己被大材小用了。一次，在结算账目时，她把一笔存款的利息重复计算了两次，打乱了整个公司的财务计划，还好最终没有给公司造成实际损失。事后，她没有认识到自己的过失，觉得这不过是做错了一道数学题，下次改正过来就行了。她的这种态度让主管很不放心，以后再碰到什么重要的工作，就总找借口把她"晾"在一边，不再让她参与了。没过多久，这位名牌大学毕业的高材生就与自己的第一份好工作说拜拜了。应当说，杨晶不是败给了别人，而是败给了自己。

当然，谁也说不清究竟是因牢骚满腹而不得升迁，还是因不得升迁而牢骚满腹，这个问题就像是鸡生蛋还是蛋生鸡一样，但有一点是肯定的，那就是二者绝对是会相互影响的。一个人只有排解掉一切挥之不去的阴影，走出怨叹的怪圈，才能走向自己的成功。哀叹命运的不公，实际上是在摇首叹息之际将自己的命运放手交给了别人，这样做就是自己害了自己。虽然有许多外力我们无法把握，但我们最起码能把握住自己。我们完全可以让自己的"不幸值"降到最小而"幸运值"达到最大——只要我们学会认识自己，让自己对自己负责。

人在生命的旅途中会遇到各种矛盾，产生各种不平衡心理，这些都是正常现象，大可不必为此牢骚满腹。有道：人生不如意十八九，碰到事情多从自身找原因，不要将其归结为主观因素和客观条件，认识自己，方能认识人生。

◎ 舍弃眼前的诱惑才能笑到最后 ◎

> 人生要懂得舍弃，适时的舍弃胜于盲目的执著。形象地说，这不过是把拳头暂时收回来，准备再一次出击而已。

一个人如果不顾长远利益而只顾眼前的利益，也许会得到短暂的好处，但是最终却逃不开失败的恶果；一个人要目标高远，但也不能好高骛远，而是要面对现实的生活。只有把理想和现实有机结合起来，成功才有可能被创造出来。有时候，一个简单的道理，却足以给人意味深长的启迪。

经济快速发展，物质日益丰富，人们面对的选择与诱惑也越来越多。小到蝇头小利，大到股市发迹的秘诀心得，都成为了人们抓取的对象。不断索取成了一种普遍的社会现象，贪大求洋成了现代社会人的通病，他们唯恐遗漏任何一个捞钱的机会，似乎抓住了眼前的利益就抓住了一辈子的成功。诱惑总在考验人们的内心，无数的诱惑像鱼饵一样等待人们上钩。

在这个日益看中金钱名利的社会，人们往往受利益的驱使而只重眼前得到的短暂的欢愉，不去考虑长远的利益。如果追逐财富是在跑一场马拉松，我们在意的就不能只是眼前，而是终点。要知道眼前得到的并不一定是最好的，也许它潜藏着危险，也许它挡住了你的视线，错过了更好的那个果子，最终让我们吞下的只是不成熟的苦果。无数的事实告诉人们，眼前的诱惑总能妨碍人们取得更多的获得，忍得了一时才能更快乐一世。这句简单的话，蕴含着意味深长的启示。

某年，一个家族的87人在前往加州的路上，突然遭遇大风雪，他们的马车被风雪困在山坳里无法前进。

在他们遭遇风雪的地点的附近有一个小村庄,然而,他们却一直待在那里等待了一个多月都不愿去求援。在这一个多月的时间里,有一半人因为寒冷和疾病死亡。按照这样的情况,如果他们再不能走出去,遭受的将是灭顶之灾。万般无奈之下,其中两个人决定出去求援。他们很快就到达了那个小村庄,并带回了一支医疗队,剩下的人全部获救了。

求援如此顺利,为什么他们不早点去呢?答案在马车上。他们不愿意放弃身边的财产。

在这一个多月的等待中,他们也在不停地试图前行,想要将马车和财物一起弄出关口,结果却因为风雪太大而失败,最后他们在筋疲力尽的情况下终于决定放弃财物去求援。他们的放弃挽救了所有剩下的活着的人的生命。但如果他们早一点去求援,那些无辜的人不就可以活下来了吗?

生活中这样的事情比比皆是,同样的悲剧在不断地上演,经常会有很多人陷入到这种"关卡"里不能自拔。他们或是为了权力,或是为了更高的社会地位,或是为了金钱的诱惑,以及眼前的既得利益,而将自己推到更危险的境地。

不愿舍弃眼前利益的人缺少一种对未来的把握和规划能力,虽然他们会暂时表现得相当出色,但是却会长久地停留在现在的水平上。在工作上,他们缺少远见,总是被眼前的高报酬与高职位所迷惑,往往会频繁跳槽,但缺少对自身长远发展的规划。

看得远的人更在乎真正有助于令自己成长的东西——在工作中,会挑选一个能够学习的环境、一个愿意培养员工的企业、一个重视自己专业的公司、一个好老板,而不只是看重职务与薪水。有抱负的人不会只顾眼前的利益而忽视长远的发展,他们更重视自我的能力。如果实现最远的目标需要最强的能力,看得远的人看重的就是如何提升自己的能力。

如果我们不能理性地看待诱惑,那么就会在诱惑的旋涡中迷失自我,在苦苦的挣扎中耗尽生命。

放弃那些次要的、不切实际的东西,我们的目标才更明确,收获才更美好。有些东西该舍不舍,势必成为一种负累。印度诗人泰戈尔曾说:"当鸟翼系上了黄金,鸟儿就飞不远了。"

事实表明,有时生活中需要"面面俱到",但有时却需要大胆舍弃。善于舍弃是一种审时度势的智慧、当断则断的勇气,是一种素质和能力。

有一个年轻人到富翁家请教成功的诀窍。

富翁从厨房拿来了一个大西瓜把它切成大小不等的三块招待他。

"吃块瓜吧。"富翁一边说一边把西瓜放在年轻人面前。

只见年轻人毫不犹豫地拿起了最大的那块吃了起来,富翁却吃起了最小的那块。

当年轻人还在津津有味地享用最大的那一块时,富翁已经吃完了最小的那一块;接着,富翁拿起了剩下的一块,然后又接着吃了起来。

此时富翁说到:"如果每块瓜代表一定的利益,虽然我吃的那两块没你的那块大,可是最后却比你吃得多。"

年轻人恍然大悟,因为那两块小的西瓜的总和要比他手中的那块瓜大得多。如果按照富翁的说法,那么富翁赢得的利益最终要比自己多。

最后富翁语重心长地对年轻人说:"只有放弃眼前的小利益,才能获得长远的大利益,这就是真正的致富之道。"

懂得舍弃才是制胜之道,为了全局利益舍弃一些局部和眼前利益从某种意义上讲,是尊重客观规律,是对事业负责任。大多时候,适时的舍弃胜于盲目的执著,形象地说,这不过是把拳头收回来,准备再一次出击而已。

◎ 有主见就行动，不要优柔寡断 ◎

> 永远都不要把希望寄托在明天，今天就是希望，希望就在现在。这就需要我们凡事都要有自己的主见，一旦想到，就要抓紧时机立即去执行。

做事情绝对不能停留在"想"或"说"的程度上，一定要拿出行动去"做"。幻想和空谈只是空中楼阁，要想成功只有行动。不管是先做后想，先想后做，还是边想边做，都得去做，不然你的梦想不会实现。

口号再怎么样华丽，想法再怎么完美，没有行动也是空谈。大胆做梦，脚踏实地去行动，想法加上做法，才能给梦想插上飞翔的翅膀。

在普通人眼中，高燃的成功就像一个神话，但他却说："我最终能成功，肯定是因为我有一个大胆的梦想，并且会用全部的精力去追求，去做！"当时的高燃只是中专毕业，便独自远赴深圳打工。仅半年时间，他的月薪就涨到了5000元并升到了管理层。在别人看来，他有这样的成就已经很了不起了，但他并不满足，他要圆大学梦。他毅然放弃深圳优越的条件，回到家乡准备参加当年的高考。由于他没有读过高中，很多学校都不愿接收他。经过一番周折，终于有所学校接受了他。第一次月考，他考了全班倒数第二；第二次月考，他升到全班第一；第三次月考，他就已经是全市第一。一年后，他成为当地十五年来第一个考入清华大学的学生。

大学毕业后，他进入一家报社当记者。此后不久，他参加了一次科技博览会的记者会。在这次记者会上他以记者的身份认识了远东集团董事长蒋锡培。记

第5章 成功就是走少有人走的路

者会后他们在一起聊天。他向蒋锡培谈起自己的创业梦想,并拿出了自己当年写的一份商业企划书向其请教。蒋锡培看了他的计划书之后,决定给他投资。第二天,他收到了第一笔风险投资基金……

蒋锡培以他独到的眼光发掘到了高燃,而高燃也没有令他失望,他在后来创立了 MySee 直播网络媒体,如今身家已过亿。

人生最昂贵的付出就是凡事等待明天。古人说得好:"明日复明日,明日何其多,我生待明日,万事成蹉跎。"因为明天永远都不会到来,它来的时候已经成为今天。只有今天才是我们生命中最最重要的,才是我们生命唯一可以把握的,珍视今天,利用今天,才可超越对手,超越自己。

永远都不要把希望寄托在明天,今天就是希望,希望就在现在。这就需要我们凡事都要有主见,一旦想到,就要抓紧时机立即去执行。

相信土豆是很多人都喜爱的食物,但在早期的法国,土豆种植很长时间都没有得到推广。因为宗教派给它起了个怪怪的名字——"鬼苹果";于是医生们认定它对健康有害;而农学家则断言,种植土豆会使土壤变得贫瘠。

但有一个人不这么认为,那就是法国著名农学家安瑞·帕尔曼切,曾在德国吃过土豆的他深深地喜爱上了这种食物,并且发誓要让这不招人待见的"鬼苹果"走上法国人的餐桌!

可是,面对自己国家人民对土豆根深蒂固的偏见,他很长时间都未能说服人们种植它,对此他一筹莫展。后来,帕尔曼切决定利用权力来达到自己的目的。

后来,他终于求得国王的许可,而且是在一块出了名的低产田上种植土豆。帕尔曼切还要了个小小的花招——请求国王派出一支全副武装的卫队,对种植的土豆严加看守。这个异常的举动撩拨起法国人民强烈的好奇心。每当夜幕降临,卫兵们撤走,就有人悄悄地摸到田里偷挖土豆,并且小心翼翼地将它移植到自家的菜园里。就这样,土豆昂然走进了千家万户。帕尔曼切终于如愿以偿。

美国一个成功的推销员在回答新学员的问题时说道:"我教你们做一个只

想'如何'而不是一个只想'如果'的推销员。"并且指出了其中的不同：

想"如果"的人总是追悔当时的困难和挫折。想着：如果当时的环境不一样的话，如果别人不这样不公平地对待我的话……那我就可能成功地推出我的产品。他们总是将失败归罪于他人或环境，从不主动想该怎样创造有利于自己的环境和推销方式。就这样从一个不合理的借口到另一个不合理的借口，一圈圈地打转，终是于事无补。

考虑"如何"的人，并不浪费精力去追悔过去。他们总是想着在麻烦或困难降临时，该如何找到最佳的解决办法从而解决问题。因为他知道总会有办法的。他们会想着如何从挫折中总结经验，如何能从糟糕的状况中解脱出来，如何能重整旗鼓。他不想"如果"只想"如何"，这就是成功推销员的成功模式。

我们在来分析一下"如何"和"如果"的不同：考虑"如何"的人在解决问题时会更有效率，因为他知道在问题之中找到出现问题的根源，对症下药快速解决。他不把时间浪费在去想没有帮助的"如果"上，他排除有破坏力的想法，不放弃每一次解决问题的机会。请相信我，当遇到困难和问题时想着如何去解决比悔恨"如果"强得多。

"如果"是一种假设，是挂在嘴边的借口。"如果我当初怎样做就好了"，这不是对失败原因的正确总结，而是一种于事无补的叹息。这样下去，只能使人面对下次问题时优柔寡断毫无主意。

所以，遇到困难和问题时就不要优柔寡断，要发挥自己的才智和主见，当断则断。中国有个成语叫快刀斩乱麻，比喻做事果断能采取坚决有效的措施，很快解决复杂的问题。这样才能在人生的舞台上得到重用，施展自己的抱负。

◎ 走别人没有走过的路 ◎

走别人没走过的路,吃别人没嚼过的馍,这样你的人生才会有滋有味。

你只能选择一条路,

黄色的树林里分出两条路,可惜我不能同时去涉足……

我在那路口久久伫立,我向着一条路极目望去,直到它消失在丛林深处。

但我却选了另外一条路,它荒草萋萋,十分幽寂,显得更诱人、更美丽,虽然在这两条小路上,都很少留下旅人的足迹。

虽然那天清晨落叶满地,两条路都未经脚印污染。

啊,留下一条路等改日再见!但我知道路径延绵无尽头,恐怕我难以再回返。

也许多少年后在某个地方,我将轻声叹息把往事回顾,

一片树林里分出两条路,而我选了人迹更少的一条,

从此决定了我一生的道路。

这是美国著名诗人罗伯特·弗罗斯特的诗,译为中文就是《未曾选择的路》,这首诗反映了我们在选择人生道路时的复杂心情,引起广大读者的共鸣。

我们时刻都面临着选择,小到衣食住行,大到应该选择怎样的事业和婚姻。在很多情况下,我们不知道应该选择哪一边,往往因此而痛苦,有时两边都想选择但只能选择其一,也有时会因不知道选择的结果如何而举棋不定。

很多人看过以奇幻魔法为主题的小说《哈利·波特》,这部小说的主角之一赫敏,她拥有能在同一时间上两门课的魔法。也许你会想:"要是我也会这种魔

法那该多好啊!"很遗憾,魔法在现实中并不存在,就像人不能同时追两只朝不同方向跑的兔子一样,所以选择意味着放弃。

每做一个选择,都意味着必须放弃别的选择。人一生下来就背负了做选择的命运,选择了面前的两条路中的一条,你就要坚定地走下去,如果你走着一条还想着另一条,你最终将都不能成功。

也许很多人知道,1996年,三星电子公司在全球率先实现CDMA技术的商用化,CDMA手机同步上市,且获得极大的成功。其实这都得益于韩国政府从1989年至1995年,一直在大力研发CDMA数字移动通信技术。但在发展CDMA技术之前的韩国移动通信技术相当落后,加上当时新兴产业的半导体技术拥有广阔的市场,全球通信产业对于CDMA技术的市场前景并不看好,有些具有先进移动通信技术的国家甚至把韩国的CDMA计划贬为"通信落后国家的荒谬之举"。在这种环境下,韩国政府的CDMA移动通信事业也遭到了大部分本国民众的质疑。

当时,别说是数字移动通信技术,就连普通的移动通信技术也也赶不上其他国家的韩国要发展这项技术,在很多人看来是一件不可能的事情。但是,敢于冒险放手一搏,也不是不可能从技术从属国变成技术主导国的。

韩国政府拨款1亿韩币投资开发CDMA技术,与韩国政府一同参加这次冒险之旅的企业有三星电子和LG等韩国大型企业。结果证明这次冒险是对的,韩国的CDMA技术获得了空前的成功。

随着此项技术的商用化,韩国的移动通信产业迅速发展,让韩国在短短几年内成了世界上的通信强国。假如当时韩国只是一味地跟在先进国家后面做代工,不创新不发展,根本不可能成为今天的通信强国。

摆在你面前的路有很多条,有的是已被探索过的康庄大道,有的是很多人都没有走过的羊肠小道。但是那些被别人走过的路虽平坦,却很难有大作为。要想有所成就,就要选择别人没走过的路,哪怕这条路既陌生又危险。

第 5 章　成功就是走少有人走的路

1948年宝丽来公司将"拍立得"照相技术投入生产，抢先占据了"实时成像"相机的大部分市场。到1994年，宝丽来的销售额达已经达到了23亿美元，宝丽来也成了国际知名品牌。但是，当20世纪90年代初期到来的时候，竞争对手们纷纷投入大量资金和人力，研发数字影像产品，宝丽来公司却没有嗅出市场的转化，还是只专注于实时成像市场。等到数字相机问世，依然没有意识到危机的宝丽来公司，欠下了10亿美元的巨额债务，最后被迫向美国法院申请破产保护。

许多企业之所以会走向失败，就是因为这些企业只关注如何维持现状，而不去创新开拓，就像宝丽来那样只关注现有的市场份额，却忽视了长远的市场变化，不去采用新的管理模式以应对未来的竞争。

所以，走别人走过的路，或是一如往常地做事情，那条路不一定最终通往成功。

中国著名历史学家黄仁宇在其著作《万历十五年》一书中告诉我们，大明王朝之灭亡的原因是当时大明王朝的政治体制出现了严重的危机，但保守的皇帝和文武百官都极力避免威胁自己社会地位的改革。于是在1587年，表面上四海升平的大明帝国走到了尽头。

黄仁宇最后指出：变化是生存的基本要素，但大明王朝皇帝和官员这些既得利益者，没有长远眼光，因循守旧拒绝任何变化，最终导致帝国的灭亡。

选择走一条陌生的路，的确需要很大的勇气。多数人避免踏上陌生且人烟稀少的路，更愿意选择前人走过的安稳路途。但是，历史总是由那些鼓足勇气走上别人未选之路的人书写的，世界也总是被一些做事方式与他人不同的人改变。总之，不断地摸索，走别人没走过的路，才有机会成就大业。

◎ 紧盯目标,专注才能做好事情 ◎

一个优秀的滑冰选手不能想着同时滑向两个方向,再出色的猎手也不能同时追赶两头跑向两个不同方向的猎物,只有专注才能有所收获。

人一生总有不同的梦想,但鱼和熊掌不可兼得,所以我们需要取舍,摒弃一些旁枝末节的目标,专注于一个目标,才能够成功。

古时候有个国王,从师父那里学得一手好箭,便立即出去打猎,想试试自己的箭法如何。

他带着手下来到野外,让人把躲在芦苇丛中的野鸭子赶出来。但哗啦啦从芦苇丛中飞出来好些野鸭子,国王搭箭欲射,但觉得哪只都很肥美,正左右为难之际,忽然从他的左前方跳出一只山羊。国王想:你来得正好,射中一只山羊要比射一只野鸭子划算多了,于是,就把箭头对准了山羊。

但就在他准备拉弓预射之时,又从右边跳出来一只梅花鹿。国王又想,梅花鹿不错,我还是射梅花鹿吧,又把箭头对准了梅花鹿。

谁知国王正欲射杀梅花鹿时,又看见前方的树林里一只苍鹰振翅飞出,国王又想射苍鹰。可等到他要瞄准苍鹰时,苍鹰已经迅速地飞走了。国王失望地摇摇头,想着回头来射梅花鹿,可一看,梅花鹿早逃走了,他又急忙找山羊,山羊早就不知道跑到哪里去了,再看野鸭早就无影无踪了。可笑的国王拿着弓箭比划了半天,却什么也没有射着。

现实生活中的很多人就像这个贪心的国王,没有确定的目标,哪个目标都

第5章 成功就是走少有人走的路

想抓住不放,最终一个目标都没有达到。只有盯紧目标,专注才能达到成功。如若这山看着那山高,最后,你将什么也得不到。

打字机的专利持有者克里斯托夫·邵尔斯就是就是一个盯紧目标专注做事的人。

邵尔斯太太由于公司业务的扩展,要抄写的工作愈来愈多。有时候她不得不把做不完的工作带回家去,连夜赶写,真是辛苦异常。

邵尔斯担心把妻子身体累坏,只好帮她抄写,他们两人时常要写到深夜,累得手酸臂疼。邵尔斯突然想到一个念头,就是发明一种可以写字的机器,帮妻子减轻负担。

邵尔斯从朋友处找来了前人研究制作失败的机体模型,开始了他的研究工作。

打字机的字臂,照我们现在看来似乎是理所当然的形式,可是当时在设计时却令邵尔斯大伤脑筋。因为他一开始就被一个概念愚弄了,他认为字键与字印之间的距离不宜太远,就像人盖章一样,最好是字键在上,字印在下,一按就可以有字出来。既简单,又能使机器的体型缩小。

可是,到最后他发觉这一构想是根本无法实现的。因为只要遵循这个字键在上,字印在下面的设计,字臂就不能太长,否则既复杂又不实用;可是字臂太短的话又不能运用自如。找到一个折中的方式很是困难,为此他很是苦恼。但是他从来就没有想过要放弃。

他愈加废寝忘食,一直认真钻研打字机事情被旁人得知后,人们就对他热嘲冷讽,说他自不量力,居然想做出连专业人士都无法做出的机器,简直是在浪费时间。

邵尔斯面对嘲笑不以为意,仍然在思考自己的构想,且把这件事当成了自己的事业。妻子心疼日益消瘦的他,劝他放弃。但是邵尔斯还是坚持着这个"傻瓜"梦想。

一天深夜,还在研究打字机的构造的邵尔斯一抬头,猛然看到他太太弯着

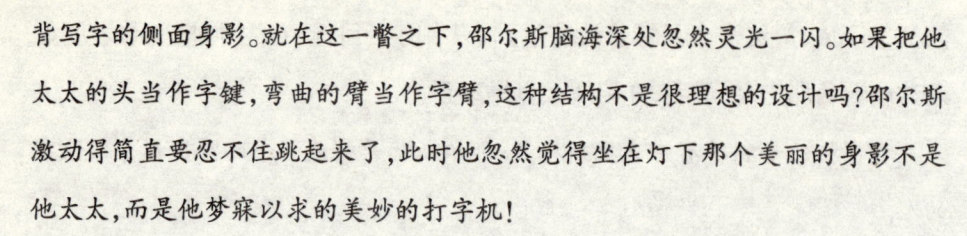

背写字的侧面身影。就在这一瞥之下，邵尔斯脑海深处忽然灵光一闪。如果把他太太的头当作字键，弯曲的臂当作字臂，这种结构不是很理想的设计吗？邵尔斯激动得简直要忍不住跳起来了，此时他忽然觉得坐在灯下那个美丽的身影不是他太太，而是他梦寐以求的美妙的打字机！

有了字臂的构造方案后，邵尔斯又锲而不舍地试验了四年的时间，打字机终于问世了。

有梦想是获得事业成功的先决条件，但是，如果没有执著的精神，许多梦想都只能是虚幻。只有紧盯着目标，专注于梦想才能获得成功。假使邵尔斯不专注于一个目标，那么只会让机会白白错过，更别提成功发明打字机了。

成功者懂得，要想在某一方面获得成功，不仅仅需要一个目标，还需要不停地专注于这份事业，不断努力才能获得成功。专注的人不会见异思迁，他们认准了一件事情就会努力地干下去，但是正是他们的坚持，使得他们完成了其他人难以完成的任务。

《动物世界》里有这样发人深省的画面：雄狮潜伏已久后突然迅速展开攻击，无数的羊儿四处逃窜、惊叫，但狮子的眼中只有它最开始认定的那个目标；它疾驰飞奔犹如电闪，死死咬住猎物的颈脖，然后开始美滋滋地享受它的猎物。

面对众多羊，狮子为什么它只盯着一个目标不放？这是一种生存的智慧。因为狮子们懂得，再优秀的猎手也不能同时攻击跑向两个不同方向的猎物，只有集中精力追赶一个目标，才能得到窥视已久的食物。

集中精力做好眼前的事情，你才能有效率地工作。如果你做着眼前的工作，想着今天下班怎么过，分散了思维和精力，不仅影响手头的工作的效率，而且还让你身心俱疲，最后一件事都没办好。

一个优秀的滑冰手不能心里想着要滑向两个不同的方向。只有学会像雄狮那样，盯紧一个猎物，才会获得成功。卢梭说："当一个人一心一意做好事情的时候，他最终是必然会成功的。"可见，专注于手头的每一件事情，是智者的制胜之道。

经常听到有人抱怨，抱怨自己找不到合适的工作，抱怨没有施展才华的机会，抱怨应该被提拔而没有得到提拔等。但你为何不问自己一句："这一切是因为什么？你专注过吗？你集中精力做好一件事了吗？"

面对如今大学生就业难的困境，某知名公司的高管送给大学生的第一句话就是："集中精力做好眼前的事情最重要。"现在大学毕业生不知道自己适合做什么，找不到自己喜欢的工作，就业第一年的跳槽率很高，甚至很多人怀着先就业后择业的思想。但是，不管眼前的工作是不是你想做的，你都要做好它，这样才能获得领导的信任和更多更重要的工作机会，还会有意想不到的职业发展机会，形成一个良性循环。反之，若是怀着做一天和尚撞一天钟的心态，上司就不放心把工作任务交给你，而你也会因此感觉不被认可，形成恶性循环，最终丢掉工作。

镰刀的刀刃虽然薄如纸片，然而却能披荆斩棘，起开路先锋的作用。在生活中，能够最后顺利到达成功巅峰的人，也必是那些能够在某一领域集中精力、学有所成的人。

能不能集中精力做好一件事，反映的是一种能力，更是一种态度。理想值得称赞，但不应脱离实际，没有基础的大厦总会倒掉。在我们的事业中，需要更多的求真务实、脚踏实地、一丝不苟和坚忍不拔的精神。

许多人工作不可谓不努力，甚至经常加班加点，但收效甚微。原因是没有集中精力，要想提高效率，就必须全神贯注，就必须用心做好手头的每一件事。

第6章
人之所以成功，
是因为相信奇迹

在工作和生活中，当遇到问题和困难需要解决时，人们通常会有两种不同的选择：放弃或知难而进！人生需要一种境界，相信奇迹，才有可能创造奇迹！培养良好的思维能力，付出比别人多几倍的努力，那么，只要你执著于梦想，敢于付诸行动，勇于尝试新的生活，总有一天，你会看到生活的奇迹。

◎ 没有什么不可能 ◎

世界是复杂多变的,当我们用发散思维来思考问题时,就会发现世界上很多的问题都不再是问题,需要的只是时间和努力而已。

对同一个问题不同的发问方式,往往决定了不同的结果。当你一遇到问题就立即发出"怎么可能"的疑问时,那问题百分之百会就不会得到解决,因为至少你在思想上已经被吓住了,不可能再进一步。但是,当你遇到问题时立马想到的是"怎样才能"时,那么结果就会完全不同。

我们之所以说事情"没有可能",那是我们把自己捆绑住了,因为无论是在生活还是在工作中,几乎没有什么绝对不可能的事情。

当我们把"怎么可能"变为"怎样才能"时,一切超乎想象的奇迹或许就会出现,所有的难题也将成为可能!

在工作和生活中,当遇到问题和困难需要解决时,通常会有两种表现不同的人:

第一种人:当他们发现问题难度较大时,马上就被困难吓倒,然后对自己说"绝不可能"会取得成功,因此也就不愿再去努力,最终选择了放弃。

第二种人则相反,在面对困难时,他们是强者。他们首先具有一种能战胜困难的积极心态和发问方式,他们会说:没有什么不可能!

那么,他们又是如何能做到这点的呢?

假设你是一个只有19岁的穷大学生,连上大学的钱都不够,你觉得你能够

第6章 人之所以成功,是因为相信奇迹

在不偷不抢,也不从事任何其他非法的活动的情况下,完全凭自己的智慧在一年内赚到100万美元吗?

大多数人听到这样的问题时,都会笑着摇头说:"绝不可能!"

如果再问一句:"你相信有人能做到吗?"可以断定,他们还是会摇一摇头,说:"绝不可能!"

但是在这里我要告诉你:大多数人认为"绝不可能"的事,有人把它变成"可能"了!这个人叫孙正义,一个被赞誉为"全球互联网投资皇帝"的人。

让我们看看他是如何利用智慧赚到人生第一个100万美元的。

最初他还是一个留学美国的穷学生,父母无力负担他的学费、生活费。而到快餐店打工赚钱又与他的梦想差距太大。左思右想之后,他决定通过创造发明赚钱。一段时期内,光他设想的各种发明和点子,就写满了整整250页纸。

最后,经过可行性研究,他选择了他认为最能产生效益的产品——"多国语言翻译机"。但是问题马上来了:他不是工程师,根本不懂得怎么组装机器。于是,他向很多小型电脑领域的一流教授请教,给他们讲述自己的构想,请求他们的帮助。

但是大多数教授拒绝了他。只有一位叫摩萨的教授,答应帮助他,并为此专门成立了一个设计小组。这时孙正义又面临着另一个更加严峻的问题:他没有钱。

怎么办?他想了一个办法并征得了教授们的同意:与他们签订合同,等到他将这项技术销售出去后,再付给他们研究费用。

产品研发出来以后,他拿到日本推销。最后夏普公司购买了这项专利,而这笔生意一共让他赚了整整100万美元!

这告诉我们:一个人只要开动"脑力机器"去想方法,就没有什么不可能,就能创造奇迹!

而能创造奇迹的关键,在于改变发问方式:将否定式疑问——"怎么可能",变成积极性的提问——"怎样才能"!

这个世界已经变得越来越没有界限了。从人类自身来看,身体的极限在体

育赛事上一次次被突破,人体的潜能一步步地被开发。我们需要相信的是:只要不断地探索和坚持下去,一切皆有可能。

但是,我们总是习惯用常规的思考方式,这样的思维定势往往起到妨碍和束缚的作用,使人陷入旧的思维框架中,难以进行新的探索和尝试。一位心理学家曾经说过:"只会使用锤子的人,总是把一切问题都看成是钉子。"世界是复杂多变的,当我们用发散思维来思考问题时,就会发现世界上很多的问题都不再是问题,需要的只是时间和努力而已。固定的思维模式和经验会让我们的思想出现桎梏,产生不应该有的界限。

人生需要一种境界,像脱缰野马和初生牛犊一样的境界,只有拥有这样精神境界的人才有可能创造出生命的辉煌!那些创造吉尼斯世界纪录的人,在他们创造奇迹之前,总是先相信自己能够做到。

相信奇迹,才会创造奇迹!

我们要相信这个世界上没有任何事情办不到,只有坚信一切梦想都可以成为现实,你才能让生活向着梦想的方向发生改变。没有对理想的坚持,就没有对成功的不懈追求,也就不会有成功的可能。咬住目标不放松,你会发现生活正在一点点地向你所希望的方向前进。

罗马不是一天建成的。要想成功你要有坚韧的意志去对待所有可能出现的情况,这样才能看到成功,看到未来。

对于理想的追逐就好比是猎豹对羚羊的追逐一样,如果有一步放松了,那么你的猎物就可能逃之夭夭。成功就是我们眼前的羚羊,不仅眼睛要盯住你的羚羊,行动上也要保持追逐不停。

埃里森,向不可能挑战,他连续20多年向比尔·盖茨下战书。在他的领导下,1999年甲骨文公司的销售额突破100亿美元,盈利超过30亿美元,一年内增长了40%;2000年9月,公司市值达到1840亿美元。埃里森在《财富》杂志当年的富人排行榜上跃升到第2位。在向不可能挑战的强烈进取心的驱使下,埃里森的财富增长速度之快是世人始料未及的。

人生没有不可能,要做就做第一名。一个人,只有当决心要成为第一名时,才会设法争取第一名。树立成为第一名的目标,就要按照第一名的标准来要求自己、鞭策自己,加快成长的速度,实现人生最大的价值。

比赛,跟弱者比,越比越弱;跟强者比,越比越强。如果有人比你更成功,那么他的标准一定比你高。一流的人物,来自一流的标准。只有最顶尖的人物,才能接受最严格的挑战。

当你决心要成为第一名时,你就会去研究第一名。第一名每天都在想些什么?每天都在做些什么?都出入什么场所?当你了解到这一切信息并如法炮制后,第二名可能就是你;当你全方位效仿之后,再稍微改进一点点,创新一点点,下一个第一名可能就是你了。

所以,相信自己,相信奇迹,没有什么不可能,只要你下定决心,改变心态,就可以把"不可能"从你的人生词典中抹去。

◎ 人人都拥有正向思维能力 ◎

> 无论是什么人,都拥有正向思维的能力,人们的差异其实源于思维的差异。正向思维能力简单讲就是指热情、快乐、自信、乐观,也是指具备积极主动、广交朋友、热爱生命、接受事物新变化等的能力。

当正向思维运行时,我们的大脑就会处于活跃的状态,使我们的思维速度快速运转,让问题迎刃而解。成功者大多具备这种思维能力,因而对渴望成功的人来说，一定要具有正向思维的能力。

人的差异其实来源于思维的差异，思维的差异往往决定了行为的差异，从而最终决定行为结果的差异。在成功者的身上，我们可以看到理想的导向作用，信念的驱动作用，而这些都是人的正向思维能力的表现形式。所以，人们对成功秘诀的探讨开始转向成功人士的思维方式；也因此，我们发现这些正向思维能力并非仅仅存在于他们取得成功的那个时期，而是从始至终贯穿于他们的整个生命，也就是说，当他还默默无闻时他就具有这种正向思维的能力。而这种能力随着年复一年的累积，逐渐被强化，最终成为一种习惯。

正向思维能力并不是只有天才才能拥有，是所有人都可以具备的。其实，学会正向思维并不困难。能否培养正向思维能力与性别、年龄、文化程度和家庭背景也并没有太大的联系。通过培养，每个人都可以具有掌握并加以运用正向思维的能力。

（1）正向思维是人脑的机能

正向思维是思维的方式之一，既然人有思维能力就必然能够正向思考问题。法国心理学家库耶曾经说过："我们的身体里蕴藏着难以估量的力量，若使用不得法，它会给你带来一次又一次的伤害；假若有意识地引导这种力量的话，就能很好地驾驭自我，不但会主动地避开肉体和精神上的疾病，还可以帮助他人，从而实现适合于自己的幸福生活。"这表明，正向思维是人的一种潜能，而这种潜能正是我们大脑的一种固有机能，因而我们可以很好地发掘并利用它。

无论是什么人，都拥有正向思维的能力，不同的是人们是否善于发现它、调动它、激发它。当人们在遭遇失败或是挫折的时候会不自觉地产生悲伤、消沉、嫉恨、愤怒等不良情绪，这些都是负面思维在控制我们头脑的表现。这个时候，我们往往更加难以调动正向思维。

人们的大脑机能其实都是一样的，拥有很高的智商却并不成功的人不少，而智商平平的成功人士也非常多。两者间最大的区别就在于他们的情商不同，而所谓情商,其实就是人们正面思维的一种良好品质。所以,不能获得成功不是因为脑子不如别人好使,而是因为不会正确使用自己的脑子,即不懂得正向思考。

(2)人人都具有正向思维的能力

每个人都可以通过自己的努力来获取正向思维能力。正向思维树立了人们的梦想、信念,磨炼了人们的意志,最终支撑着人们走向成功。

人们常常会将荣耀的家庭背景看做是决定成败的关键因素。的确,良好的家庭背景有助于人生的一帆风顺,但,没有良好家庭背景并不意味着我们在困境面前就无能为力。

课堂上,老师给出一个作文题目:我的梦想是什么?马术师的儿子在作文中描述了自己的美好梦想:他想拥有一个带豪宅的牧场。为了让别人更好地了解,他还附了一张设计图,甚至在上面详细标出了马厩和跑道的具体位置。老师给这个学生打了一个零分,原因是这位学生并没有良好的家庭背景,文章中描写的情景永远也不可能发生。他告诉这名学生进行修改后可重新打分。这名学生经过反复考虑,还是坚持了自己的想法,可想而知,他的作文成绩依然是零分。

20年后,仍旧拿着微薄薪水的这名老师带着学生去参加夏令营,地点在一个巨大的牧场。远远望去,这个牧场占地将近800亩,成百上千匹的纯种马奔驰于牧场之中,一座豪华的别墅矗立于牧场中央,而这个牧场的拥有者就是20年前那名作文为零分的学生。

孩子们的梦想往往是单纯的,这是孩子的天性,然而成人却要过早向他们灌输世俗的社会价值观,扼杀孩子们的天性。幸运的是,这些根深蒂固的价值观并未在孩子们的心里落下种子,他们纯粹的思想更易拥有正向思维。拥抱梦想,未来就有希望,向贫困抗争、改变自己命运的行为就是一种正向思维方式。

许多人的正向思维能力都是从学校教育中获取的,是随着知识的丰富和教育的增长而逐渐培养起来的。但这并不代表没有受过良好教育的人就不具有这种能力,很多文化程度不高的人同样获得了成功。

◎ 比别人更努力 ◎

俗话说："吃得苦中苦，方为人上人。"一个人要想成为杰出人才，就要付出比别人多几倍的努力；要想在关键时刻脱颖而出，那就要在平时比人多下功夫。

不要因为聪明就不努力，学习比尔·盖茨吧。不要认为不公平就放弃，也许只是自己做得还不够。

也许在我们的印象中，那些有天赋的人，总能创造出奇迹来。想一下，那些奇迹，仅仅是靠天赋创造的吗？

毫无疑问，比尔·盖茨是这个时代最聪明的人之一：他抓住了信息时代发展的潮流，选择了软件行业进行创业，而且擅长与资本市场相结合，凡此种种，都说明他是一个具备超群智力的人。

然而，他是一直就是这样聪明吗？或者换另外一种问法，他是怎样变得这么聪明的呢？

曾经，一位微软的高级管理者透露了一些比尔·盖茨年轻时的故事：在比尔·盖茨读中学的时候，有一次，老师布置写一篇作文，规定要写5页纸，比尔·盖茨竟然写了30多页纸。还有一次，老师让同学们写一篇不超过20页纸的故事，比尔·盖茨竟然洋洋洒洒写了100多页纸，让老师和同学们目瞪口呆。

原来，天赋如此高的一个人，为了追求成功，竟然下过这样的"苦功夫"。

著名作家胡适曾说："聪明人更要下苦功。"

为什么呢？无论多高的天赋，假如不努力加以开发，天赋也有可能被埋没。

在这个世界上,应该说中等智力的人占了大多数。所以当我们的天赋并不高时,不加倍下"苦功夫"行吗?

要创造一般的成功,你就得付出一般的努力;要成为杰出的人才,你就得比别人多付出几倍的努力。

其实,有一些人愿意为自己的理想付出努力,但是,却总是希望只付出一点努力就会成功。

曾经有一位画家去拜访世界著名的画家门采尔,一见面就诉苦说:"我画了一幅画只用一天,卖掉它却花了我整整一年的时间。"

门采尔认真地说道:"朋友,你不妨倒过来试试。用一年时间去画一幅画,那么一天的时间,你准能卖掉它。"

齐拉格说得好:"只有失败者才会希望马上成功。因为最佳行为者懂得,成功是通过从部分成功中吸取经验而一步步获得的。因此,任何事情在做好之前都要努力去做。"

所以我们要树立的信心应该是:只要我付出和别人一样的努力,我也一定能行;如果我付出了比别人更大的努力,我就更加能行!

◎ 执著于自己的梦想 ◎

成功路上之所以有很多挫折,就是为了把那些意志不坚定者挡在成功的门外,让那些真正对未来充满信心的人取得成功。

成功源于执著。几乎所有的成功人士都在自己成功之前就首先设计了自己

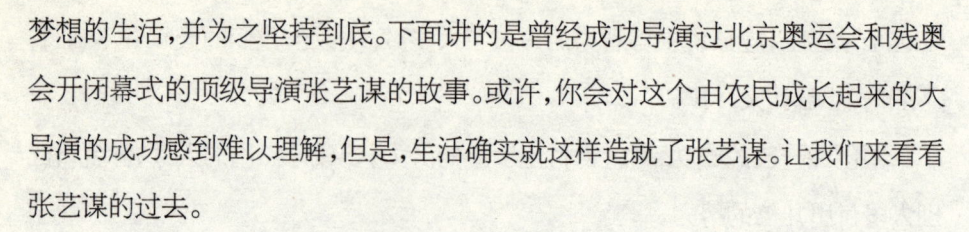

梦想的生活,并为之坚持到底。下面讲的是曾经成功导演过北京奥运会和残奥会开闭幕式的顶级导演张艺谋的故事。或许,你会对这个由农民成长起来的大导演的成功感到难以理解,但是,生活确实就这样造就了张艺谋。让我们来看看张艺谋的过去。

1968年初中毕业后,张艺谋就到陕西乾县农村插队劳动,后来到陕西咸阳国棉八厂当工人。在那个特殊的历史环境下,年轻的张艺谋未能上高中就插队当了农民、工人。类似此种经历的人很多,但能像他一样坚持自己梦想的却并不多。

通过艰苦的努力,1978年,张艺谋考入北京电影学院摄影系学习,这时,他已经是27岁的"高龄"。1984年,张艺谋作为摄影师拍摄了电影《黄土地》,该片在1985年获得第五届中国电影金鸡奖最佳摄影奖,此后又荣获法国第七届南特三大洲国际电影节最佳摄影奖、第五届夏威夷国际电影节东方人柯达优秀制片技术奖。

在《黄土地》获奖之后,张艺谋面前有两个选择——继续做一个已经很成功的摄影师或者开始转型做导演。然而,意料之外的是,他却做了另外的选择——做一名演员!因为在他看来,要想成为颇有建树的导演,只有亲身体验过做演员的感受,才能在拍片的时候和演员们更好地交流。1987年张艺谋主演的电影《老井》荣获第二届东京国际电影节最佳男演员奖,1988年荣获第八届中国电影金鸡奖最佳男主角奖、第十一届电影百花奖最佳男演员奖。这个时候,他还不是导演。

1987年,张艺谋导演的影片《红高粱》以其浓烈的色彩、豪放的风格发挥了电影语言的独特魅力,斩获国内外多个奖项:1988年获第八届中国电影金鸡奖最佳故事片奖、第十一届电影百花奖最佳故事片奖、第三十八届西柏林国际电影节最佳故事片金熊奖、第五届津巴布韦国际电影节最佳影片奖、最佳导演奖、故事片真实新颖奖,以及第三十五届悉尼国际电影节电影评论奖、摩洛哥第一届马拉卡什国际电影电视节导演大阿特拉斯金奖。正是从这部电影开始,张艺谋实现了从演员到导演的成功转型,并以一个成功的文艺片导演身份进入公众视野。从此,

第 6 章 人之所以成功,是因为相信奇迹

张艺谋的导演生涯便日益辉煌。

在《红高粱》等一系列文艺片获得成功以后,张艺谋敏锐地捕捉到了商业片的市场价值,转向了商业大片,由此开始了他的大片之旅,从《英雄》、《十面埋伏》到《满城尽带黄金甲》,这一部部商业大片的红火为他带来了巨大的声誉,并最终引领他走到了中国电影导演旗帜的位置。于是,张艺谋毫无悬念地成为2008年北京奥运会和残奥会的开闭幕式总导演。

在张艺谋的故事中,我们可以看到一个成功人士成长的轨迹,当他们处于人生低谷时,他们仍然对自己的未来充满信心。他们有明确的理想和志向,并为之坚持。他们知道自己以后要成为一个什么样的人,并为这个目标奋斗不息,哪怕出身低微,哪怕是不被人看好。

要知道,成功路上之所以有很多挫折,就是为了把那些意志不坚定者挡在成功的门外,让那些真正对未来充满信心的人取得成功。

在一次演讲会上,一位著名的演说家面对会议室里的200人,没讲一句开场白,却高举着手里一张20美元的钞票。他问:"谁要这20美元?"许多只手举了起来。他接着说:"我打算把这20美元送给你们其中一位,但在这之前,我要做一件事。"他将钞票揉成一团,然后问:"谁还要?"仍然有人举起手来。

他又说:"假如我再这样做呢?"他把钞票扔到地上,踏上一只脚,并且用脚碾它!尔后当他拾起钞票时,这张钞票已变得又脏又皱。他再次问:"现在谁还要?"还是有人举手。这时,演讲家说:"朋友们,你们已经上了一堂很有意义的课。无论我如何对待这张钞票,你们依然想要它,因为它并没有贬值,它还是价值20美元。人生旅途上,我们会无数次地被遇到的磨难所击倒、欺凌甚至碾压。这让我们觉得自己毫无价值可言。但是,无论现在或将来发生任何事情,你们永远不会丧失价值。你们依然是无价之宝!"

请记住,无论碰到什么样的困难,只要我们保持自己的信心,就仍然具有继续成功的可能。就从现在开始,每天早晨起床的时候,先问自己几个问题:

◆我的理想（梦想）是什么？

◆我要做什么工作会让我离目标更近？

◆我要成功,需要对环境作出什么样的改变？

这样问自己之后,再找一面镜子,面对镜子中的自己,盯着自己的眼睛问自己是否仍然自信如初。再一次确认自己很帅或很有气质,自己才华横溢、交际广泛,你甚至可以自负骄傲,但是千万不要自卑怯懦,要相信自己最终一定会走向胜利,实现自己的梦想。要知道,执著于梦想是成功者必备的信念。

◎ 保持必胜的信念 ◎

坚定的信念,认真的态度,坚韧的精神,成就了无数成功者。人的心里具有某种神秘的力量,只要你始终保持着必胜的信念,一切难题都将迎刃而解。

正如美国成功学大师斯蒂芬·柯维所说:"成功,也许比你想象的要简单,因为,我发现那些成功的人,诸如企业家、运动员、政界名流等,他们和其他人之间有着一条明显的界线,我称其为成功者的边缘。这个边缘并非高智商或是天赐的机遇,而是一种态度。"

这样的例子在我们身边有很多很多。

某县地处偏远地区,多年来一直难以摆脱贫困局面,以至于很多人都觉得本地区没有可开发的资源,谁也不会傻到往这里投资。

可是,刚上任的县领导却对本地区的发展前景充满信心,他带领县领导集体积极转变发展思路,因地制宜,制定出台多项投资优惠政策,并成立了专门的

第6章 人之所以成功，是因为相信奇迹

领导小组，奔赴全国各地考察、洽谈、招商引资，经过他们的努力，一年之内即引进投资近6亿元，建设石材加工、蔬菜种植等近20个具有本地特色的项目，使得一大批城乡居民因此受益，走上了富裕的道路。在这些龙头行业的带动下，其他行业均得到很好的发展，全县经济也开始呈现出一派欣欣向荣的景象。

一个自信大胆的决策，加上一个乐观积极的招商引资行动，让一个地区的经济奇迹般地起死回生，开始走上快速发展之路。

如果不去做，你就永远对自己拥有的资源缺乏信心，也许就永远无法开发其巨大的潜在价值。更多的例子在告诉我们：如果你想成功，关键是你是否抱着一个成功的态度去实现它。

《人的思想》一书的作者詹姆斯·爱若在书中写道："一个人所能得到的，正是他们思想的直接结果。"无独有偶，爱默生也有一句名言："一个人就是他整天所想的那些。"

你的内在想法决定了你的生活、境遇、财富和地位。一个悲观失望、犹豫不决、畏缩不前的人永远不会成功。只有那些对自己所做的事抱必胜的信念的人才能抵达成功的彼岸。

一艘货轮在风大浪急的大西洋上行驶。一个黑人小孩在船尾搞勤杂时不慎掉入了波涛滚滚的大西洋。孩子大喊救命，可是，船上的人根本听不见，于是，他眼睁睁地看着浪花托着货轮越走越远……

求生的本能促使孩子在冰冷的海水里拼命地游，使劲地挥动着瘦小的双臂，努力把头伸出水面，睁大眼睛盯着轮船远去的方向。

船越来越远，船身变得越来越小，到后来，什么都看不见了，只剩下一望无际的汪洋大海。孩子的力气也快用完了，实在是游不动了，他老是觉得自己就要沉下去了。放弃吧！他这样对自己说。这时候，老船长那张慈祥的脸和友善的眼神浮现在脑海。不，老船长知道我掉进海里后，一定会回来救我的！想到这里，孩子鼓足勇气用生命中仅剩的力量又朝前游去……

老船长终于发现那黑人孩子失踪了,当他判断孩子是掉进海里后,于是下令返航,回去寻找。这时,有人说:"这么长时间了,就是没有被淹死,也让鲨鱼吃了……"船长犹豫了一下,但还是决定回去找。

终于,在那孩子就要沉下去的那一刻,货船赶到了,救起了孩子。

当孩子苏醒过来感谢船长的救命之恩时,船长扶起他问:"孩子,你怎么能坚持这么长时间?"

孩子回答:"我知道你会来救我的,一定会的!"

"怎么知道我一定会来救你的?"

"因为我知道您是那样的人!"

听到这里,白发苍苍的老船长一把抱住黑人孩子,泪流满面:"孩子,不是我救了你,而是你救了我啊!我为我在那一刻的犹豫而耻辱……"

一位企业家曾经说过,创业初期他所遭遇到的难题,其中有很多只是小小的困难,最后却往往发展成似乎无法克服的障碍。后来他发现,原来因为自己存有失败主义者的意识,疏于察觉造成障碍的真相,而所谓障碍,却并没有想象的那么严重。他随后就在公司的办公桌上摆了一个箱子,上面一个条子写有"抱必胜的信念,一切皆有可能"。每当发生问题,或者他的失败主义思想又开始作祟的时候,他便把有关该问题的文件投掷于此箱中。几天后,当他再把这些文件取出,奇妙的事情发生了。据他形容道:"当我再次从箱中取出这些文件时,这些难题看起来并没有什么难的。"

人的心理活动具有某种神秘的力量,在奔向成功的道路上,只要你始终抱着必胜的信念,那么,一切难题都将迎刃而解。

第6章 人之所以成功，是因为相信奇迹

◎ 你有权要求得到更多 ◎

在生活中，你经常有两个选择：要么往远处想，要么往近处想，也就是胸怀大志与目光短浅的交锋。既然已经是在思考未来，那么为何不往远处想呢？这由你自己选择。无论身处何种环境，没有人能够阻挡你心中的大志的实现！

杰西·瑞顿豪斯在《更大潜能法则》一书中写了这样一首诗：
我请求生活给予我一便士，
生活绝对不会多给我一点。
无论晚上点钱时怎么祈求，
我所得到的仍然只是一便士。
生活就像一位老板，
他只提供你所要求的。
一旦你定下自己待遇上的要求，
你就必须接受老板提供的待遇。
我做过不体面的家庭雇工，
从中懂得了这一道理。
我向人生索求什么样的待遇，
人生就会给予我什么样的待遇。
如果想在人生的道路上成功得到梦寐以求的一切，你就需要具有同样迫切的愿望、决心与要求。也就是说,你想在人生中获得什么,什么就在那儿等待着你去获取。

有一天晚上,我独自漫步在黄浦江畔,忽然看见一个落魄不堪的人摇摇晃晃向我走来。他似乎流浪街头已有多日。

我猜想他一定会走过来乞讨几块钱。果然,他说:"先生,能否给我一块钱呢?"一块钱实在是微不足道,但眼前的这个人,年纪不大,有手有脚,为什么会落得如此凄惨境地呢?我不想白白给他一块钱,很想给他一些指点。我说:"一块钱?你确定只要一块钱吗?"他忙不迭地说:"就一块钱。"我把手伸到钱包里,掏出一块钱给他,同时对他说:"人生能够得到多少,就看你要求多少。"他听了为之一愣,然后蹒跚着离去。

望着他越走越远的背影,我十分感慨,为何成功的人和失败的人有如此悬殊的差异?我和他都同样是人,为何我的人生多的是喜悦,多的是顺利,而他得到的却是露宿街头,靠乞讨为生。难道说是上天特别恩宠于我?

"人生能得多少,就看你要求多少。"如果你只想要一块钱,你就只能得到一块钱。如果你梦想得到充满喜悦和成功的人生,也同样会得到。我想,这是我与他之所以不同的答案。

在很多场合,当人们问我,是什么因素改变了我的命运时,我总是回答:是我那一颗永不满足的心。是的,我总是不满足,总是梦想要得到更多。

当我们回顾历史,会发现其中的大人物之所以会取得惊人的成就,皆是因为他们对自己、对生活有更高的期许,这些人物包括了齐白石、林肯、甘地、马丁·路德·金、爱因斯坦等等。

在人生的旅途中,你有权要求得到更多!永远也不要做生活的乞丐,因为人人都有机会成为富翁。

◎ 破釜沉舟，激发自己潜藏的能量 ◎

激发自己的潜能，几乎是每个人追寻的目标。如何激发自己的潜能？每个人都要想象自己的身后有一匹狼。适当的压力，不仅是我们发挥潜能的刺激因素，更是让我们挑战自我的最佳助力。

适当的压力能够刺激人的身体和头脑，并对人的行为产生积极影响。适当的压力会使人感到精力充沛，并能保持较长一段时间。如果压力能够很好地保持在一定的、可控的水平，它能激励人在较长的时间里完成高质量的工作。

有位名不见经传的年轻人，他第一次参加马拉松比赛就获得冠军，而且还打破了世界纪录。当他冲过终点时，记者们蜂拥而上："你怎么会有这样好的成绩？"

年轻人气喘吁吁地回答："因为，我身后有一匹狼！"

这时，年轻人娓娓道来："三年前，我在一座山林间，训练自己的长跑和耐力。每天清晨起床练习；但是，即便我使出全身力气，也一直没有进步。"

年轻人继续说："有一天，在训练途中，我忽然听见身后传来狼的叫声，没几分钟时间，就感觉已经来到我的身后。我吓得不敢回头，只知道逃命要紧。于是，我头也不回一直往前跑。"

"那天我的速度居然突破了！""后来才知道，原来根本没有狼，那是教练伪装出来的。从那次之后，每当练习时，我都会想象背后有一匹狼正在追赶我，包括今天比赛的时候，我想象那匹狼依然追赶着我！"

再懒惰的马，只要身上有马蝇叮咬，马上会精神抖擞，飞快奔跑。而如果没有马蝇叮咬,马就会慢慢腾腾,走走停停。这就是马蝇效应。

马蝇效应来源于美国前总统林肯的一段有趣的经历。

1860年大选结束后,有位叫作巴恩的大银行家去拜访林肯,看见参议员萨蒙·蔡思从林肯的办公室走出来,就对林肯说:"你不要将此人选入你的内阁。"林肯问他:"你为什么这样说?"巴恩答道:"因为他认为他比你伟大得多。""哦,"林肯说,"那你还知道有谁认为自己比我更伟大的?""不知道了。"巴恩说,"不过,你为什么这样问?"林肯回答道:"因为我要把他们全都收入我的内阁。"

事实证明,这位银行家的话是有根源的,蔡思的确是个狂妄的家伙。不过,蔡思也的确是个大能人,林肯很器重他,任命他为财政部长,并尽力减少与他的摩擦。蔡思狂热地追求最高领导权,而且嫉妒心理极重。他本想入主白宫,却被林肯"挤"了;想当国务卿,林肯却任命了西华德,他只好做财政部长,因而怀恨在心,愤愤不平。

目睹过蔡思种种形状并搜集了很多资料的《纽约时报》主编亨利·雷蒙特在拜访林肯的时候,特地告诉他蔡思正在上蹿下跳,谋求总统职位。林肯以他那特有的幽默神情讲道:"雷蒙特,你不是在农场长大的吗?那你一定知道什么是马蝇了。有一次我和我的兄弟在肯塔基老家犁玉米地,我吆马,他扶犁。但这匹马很懒,不过有一段时间它却在地里跑得很快,连我这双长腿都几乎跟不上。到了地头,我才发现有一只大马蝇叮在它身上,我把马蝇打落了。我的兄弟问我为什么要打掉它。我说,我不忍心让马那样被咬。我的兄弟说:'正是这家伙才使马跑起来的呀!'"然后,林肯意味深长地说:"如果现在有一只叫'总统欲'的马蝇正叮着蔡思先生,那么只要它能使蔡思的那个部门不停地跑,我就不想去打落它。"

这个故事对于管理者用人十分有启发。越有能力的员工越不好管理,因为他们对利益、权势、金钱具有很强的占有欲。如果不能满足他们的欲望,那麻烦就来了。如果要想让他们安心、卖力地工作,就一定要有能激励他的什么东西。

第 6 章　人之所以成功，是因为相信奇迹

这种激励因素不就是那只"马蝇"吗？

国外一家森林公园曾经养殖有几百只梅花鹿，环境幽静，水草丰美，又没有天敌，可是几年以后，鹿群非但没有发展，反而病的病，死的死，竟然出现了破天荒的负增长。后来他们买了几只狼放置在公园里，在狼的追赶捕食下，鹿群只得紧张地四处奔跑以逃命。这样一来，没过几年，除了那些老弱病残者被狼捕食外，其他鹿的体质日益增强，数量也迅速地增长着。

适度的压力能激发人们的潜能，在生存状态感受到危险时拉响警报，从而使人体机能提高警惕，加强某些方面的能力以使人的生存状态从警戒区转向安全区。同理，企业的竞争对手就像是那只追赶梅花鹿的狼，它时时刻刻都让梅花鹿清楚地感受到狼的位置和同伴的位置。从而意识到，只有跑在梅花鹿群前面的位置才可以安全地得到更好的食物，跑在后面则随时可能成了狼的食物。

提起压力，人们首先想到总是其消极的一面，与不安、犹豫、无措、慌乱和亚健康等不良情绪联系在一起。但是，压力并不是绝对消极的，事实是，适当强度的压力可以产生非常积极的作用。激发你的创造力，让你在工作中更加出色。实验表明，可控制的压力，能增强你抵抗压力的能力，促使你的大脑和身体保持最佳状态。科学研究甚至证明，那些缺少良性压力的人更加容易生病，更有甚者寿命比有良性压力者要短。

◎ 冲破条条框框，勇于尝试新的人生 ◎

> 面对困境时，如果你再多一点点勇气，用勇气去冲破各种条条框框，勇敢地去挣脱各种束缚和枷锁，积极尝试寻求新的解决之道，那么你就有可能冲破既有的格局，迎接新的人生。

勇敢的尝试是跨出成功的第一步。每一个人都有能力去实现自己的理想，我们要永远生活在希望之中，一旦旧的希望实现了，或者破灭了，就应该让新的希望冉冉升起。如果一个人只是做一天和尚撞一天钟，得过且过的混日子，心中没有任何希望，说明他的生命实际上已经终止了。我们必须要学会不断尝试，决不退缩，不去尝试怎能知道自己不行呢？

努力冲破现有的各种束缚和条条框框，学会利用已有资源把事情做成，尝试使用新的方法，不要去消极等待，不要好高骛远。要尝试新的人生，就要充分利用现在的条件不断突破。

纵观古今中外，凡有成者，他们无不具有勇于尝试的精神。发明灯泡的爱迪生为了找到一种合适的材料做灯丝，竟然不屈不挠地进行了8000多次尝试。在试验初期，他共找了1600种耐热材料，反复试验了将近2000次，结果发现只有白金比较合适，但白金比黄金还贵重，这就是说实验实际还是失败了。面对这样的失败，一般的人一定会选择放弃，然而，他没有，继续尝试着从植物中发掘理想的灯丝材料，先后又尝试了约6000种植物。通过这种不断的尝试、不断的挫折，爱迪生最终获得了巨大的成功，给人类带来了光明。

第6章 人之所以成功,是因为相信奇迹

　　这种光明之光,与其说是电之光,还不如说是勇于尝试的精神之光。细细观察我们就会惊奇地发现,在他所取得的诸多项成果中,竟没有哪一项不是不断尝试的结果。"一次尝试,就有一次收获",他的这句话道出了他成功的秘诀。还有研制出雷管的诺贝尔、发现了雷电规律的罗蒙诺索夫、第一次驾驶飞机飞上了天空的莱特兄弟……他们每个人所取得的惊人的成就,又有哪一个不是尝试之花结出的硕果呢?在崇拜伟大人物的同时,我们更应该崇拜造就伟大人物的勇于尝试的精神。

　　在炎炎烈日下,一群饥渴的鳄鱼陷身于水源快要断绝的池塘中。面对这种情形,只有一只小鳄鱼转身离开了池塘,它要尝试着去寻找新的生存的绿洲。池塘中的水愈来愈少,最强壮的鳄鱼开始不断地吞噬它身边的同类,幸存的鳄鱼看来是难逃被吞食的命运,可是却不见有鳄鱼离开。池塘干涸了,唯一的大鳄鱼也耐不住饥渴死去了。然而,那只勇敢的小鳄鱼,它经过多天的艰苦跋涉,终于在干旱的大地上,找到了一处水草丰美的绿洲。

　　如若不是小鳄鱼勇于尝试,那它也难逃丧生池塘的厄运;而其他的鳄鱼,如果它们不安于现状,勇于尝试,去寻求另一条生路,那么它们又怎会落得身死干塘的可悲结局!由此可见,勇于尝试的精神多么重要!

　　你的心态能决定你的成败。每个人都必须要有好的心态和态度去面对人生,假如石头砸了你的脚,一般情况下你会觉得真倒霉,但假如换个方式想:我真幸运,幸亏砸到的不是我的头。你的心情就会好很多!幸福快乐不仅需要努力创造,还取决于你对生活的态度。

　　人活于世,要有与命运较量的勇气,有创造事业的雄心,不要怨天尤人,调整自己的心态。如果生活压得你喘不过气来,不妨换个角度调整一下心态,找回自己的自信心。人生有时候就像是棒球比赛,球在你的手上,投出什么样的变化掌控在你的手上,每个人都可以成为好的投手。千万不要自暴自弃,态度决定你的成败,如果你连你自己这关都过不了,还能过得了哪个关口?只要你有坚韧的

信心,胜利将指日可待。

每个人都拥有远大的梦想,但是,很多人常常因为缺乏立即行动的能力,梦想开始萎缩,最终变得渺茫,甚至于消亡。与其为自己逝去的梦想哭泣,不如鼓起勇气,奋勇前进,逐步缩近与梦想的距离。只要你勇于付诸行动,敢于尝试新的生活,总有一天,你会看到生活的奇迹。

第7章
用谋略驾驭勇气

"宝剑锋从磨砺出,梅花香自苦寒来。"苦难,是成功之路上进步的阶梯。我们要敢于直面困难,接受挑战,从点滴小事做起,永不放弃,以百倍的信心迎接未来。当我们遇到需要解决的问题时,不仅要有勇有谋,还要三思而后行,避免急功近利,因小失大。相信而不轻信他人,思虑周全,全力以赴,一定会取得成功。

◎ 向困难说不 ◎

> 许多功成名就的艺术家在他们成功之前都曾过着贫困生活,这最能考验他们的勇气以及耐力。他们不放弃自己,直面困难,向困难说不,最终有所成就。

许多功成名就的艺术家在他们成功之前都曾遭遇过贫困生活,这最能考验他们的勇气以及耐力。

少数意志不坚定的人如果遇到马丁在其艺术生涯中的那种困难,也许已经被击败了。马丁开始创作自己的第一幅伟大作品时,他就不止一次处于饥饿的边缘。他自己也说起过,曾经有一次,他发现自己的身上仅仅剩下了1先令,一枚亮闪闪的1先令——他之所以没有用掉它就是因为它的亮闪闪,可是这次实在不行了,他实在很饿很饿,为了生存他必须用它来买面包。于是,他到了一家面包店,用这仅剩的一先令买了一块面包。当他要带走时,卖面包的却从他的手里抢走了这块刚刚卖给他的面包,并把那枚1先令又扔还给了这位饥肠辘辘的画家。这枚亮闪闪的1先令在关键时刻并没有派上用场,无法履行它的职责——因为它坏了。马丁只能拖着又饿又累的身体重新回到了自己租住的小旅店,为了能够活下去,他只能翻箱倒柜找了一些剩下的有些发霉的面包皮聊以充饥。他能够顽强地活下来,完全是因为他对艺术强烈的热爱在支撑着他,也正因为如此他才能继续从事自己所喜爱的艺术创作,并一直热情不减地保持着勇气继续工作,耐心地等待时机。不久,他终于找到了一个极好的机会适时地展出了他的画作,他的画作得到了大多数人的欣赏。这次展览空前成功,经过这次画展之后,马丁开始慢慢走向了成名之路。

就像大多数伟大的艺术家一样,马丁的人生经历也向我们证明了,勤奋加努力是一个人能够成功的有力保障。不管外部环境多么恶劣,只要你不放弃自己,最后你会等到苦尽甘来的那一天。

年轻的勇士郝得森被从印度指挥官的职位上撤职了。面对从四面八方而来的斥责和咒骂之声,郝得森深感痛心,他陷入了不被理解的绝望与痛苦中。尽管如此,他仍然有勇气对一位友人这样说道:"我努力勇敢地正视最恶劣的现实,正如我在战场上勇敢面对着如云的强敌一样;我竭尽我之所能坚定地去完成上天赋予的使命,只要我这样做了,我的心中就会感到满足,因为毕竟我还是能找到使我重新振作起来的理由;假使我必须做那些令人厌恶的差使,但只要我好好地完成了,本身这就是一种对我的奖赏;即便我没有圆满地完成这个任务,毕竟我也已经尽力履行了自己的职责。"

古人云:胜不骄,败不馁。人生有高点也有低点,这是很正常的事情。一个人能否被人认可和接受,关键是看这个人的心态和价值观。当你被困难纠缠的时候,要敢于直面困难,向困难说不,用自己的双手改变困难,挺直肩膀来承担一切,让事情往好的方向发展;当你被胜利笼罩的时候,你应该冷静下来,看清你周围一切缥缈的东西,找到不足的地方并加以改正,那么,你人生中就会少一些低点,多一些高点了。只要我们去积极适应和改变环境,那么,困难的冬天很快就会过去,胜利的春天马上就会到来。

◎ 敢于挑战，自强不息 ◎

在遭受屡战屡败的打击之后，你还能鼓起勇气再来挑战一次吗？如果还是失败的结局，你又该如何自处呢？

这个世界上并没有绝对的公平。很多时候你会发现，几乎所有的一切都在和你作对。比如，当你做一件事情时，不管你事先做了多少准备，投入了多少精力，花费了多少时间，耗尽了多少金钱，事情的发展却往往不尽如人意，要么是遭遇了极其强大的对手，要么是其他客观原因，总之，呈现你面前的始终只有失败。那么，在遭受屡战屡败的打击之后，你还能鼓起勇气再来挑战一次吗？如果还是失败的结局，你又该如何自处呢？

如今，在中国的企业中，将"敢于挑战，自强不息"的精神发挥得淋漓尽致，莫过于电信业的领头羊——华为。

曾经看到过这样一段描述华为文化的文字：

"在销售中，坚持只是毅力问题，经过周密策划的毅力就更可怕了。你要是参加过华为的项目分析会，肯定会被吓一跳，这帮人太疯狂了：一个项目保底要拿下50%，做得好要拿下80%，再给你一个挑战性目标：拿下100%。过后，项目组就开始围绕着这个100%的目标把项目涉及到的所有客户全部列在黑板上；同时把所有竞争对手的策略、优势和劣势也逐条列在黑板上；最后把自己的人员分工也列在黑板上，就连副总裁也要列进去。然后，10个项目组成员分头行动。结果，你会发现，华为真的做到了100%！"

第 7 章　用谋略驾驭勇气

"比这还厉害的是,华为能把本来被别人拿走的项目夺回来。市场人员经常说的一句话是:'签了吗?大签了吗(终审通过)?只要最后一个字没签,我们就要去争取。'"

"一次某省拨号接入服务器项目,各市分头建设,其中一个富裕的地市已经决定购买一家国外公司的产品了。华为不气馁,星夜赶往该市,从给他们的技术工程师讲技术开始,一个一个地讲,最后讲到负责技术的数据局局长,讲得这个原来对华为设备一无所知的局长最后决定写报告给市电信局局长。接着华为再去拜访市电信局局长,不见,就等;再等,还不见;不见不走了!最后终于见了,只要见了,华为的技术人员就能将其说服。原来只有把握做 5 个地市的项目,原来无论是华为的客户还是华为人自己也不敢奢望的项目,硬是通过华为人锲而不舍的精神一下子把全省 11 个地市全部拿下,项目总值为 1.05 亿人民币。"

我们不得不为华为人的毅力所折服。自强不息的精神给华为带来的是巨额的销售利润和爆炸式的增长速度。

◎ 急功近利的结果往往是南柯一梦 ◎

> 急功近利,结果往往是南柯一梦,他们不能攀登险峻的山峰,因为他们有因心太急而跌入谷底的风险;只有一步一个脚印的人才能登上顶峰,欣赏无限风光。

追求成功不仅要敢于追求,而且必须善于追求。"不想当将军的士兵不是好士兵",每个身处职场的人都应该向上努力。但在职场中,许多人为了能够迅速攀到顶峰,常常会采用急功近利的错误做法,结果事与愿违。

急于表现自己的人,往往想得到公司领导的重视。但有时这样做往往会让事情变得更坏。每个老板和上司在考察员工能力的时候,并不是仅仅看员工一时一刻的表现,也不是考察员工的某一项工作表现,他们会在较长的一段时间内考察员工的综合素质。

出于成功的急切,急功近利的人往往会在工作上失去耐心,还可能会在成功的路上不择手段。

张丽大学毕业后,经哥哥介绍在一家地方报社工作。她是学新闻专业的,毕业后能在报社工作也是对口。报社虽小,但是也让很多女伴羡慕不已,她也引以为傲。加之报社主任是她哥哥的朋友,所以,在工作中,也深受领导的关爱与信任。虽然每天的工作并不轻松,但也绝谈不上摸爬滚打。

一次,主任安排她去一家公司,采访一位劳动模范。她刚走进该公司,就被公司的人事部经理拉去吃饭,席间,对方赞美的言辞说了一车,恭维的话更是说了无数。她长这么大,还是第一次受到陌生人这样恭维,并且临行前对方还塞给她了一个1000元的红包,目的是希望给他们公司一个即将上市的新产品做一则广告,她毫不犹豫地答应了。

这个产品是不合格产品,广告严重影响了报社的形象。她出现了这么严重的问题,加之又是新来的,社长知道详情后,一气之下让她另寻他路。

这种鼠目寸光的做法,真可谓是捡了芝麻、丢了西瓜。虽然张丽当初并不知道那个产品不合格,可为了那区区1000元钱的红包,就见利忘义、毫不犹豫替他人打广告、办事情的行为,着实让人有几分厌恶。也许由于这么一件事就被社长辞退,看着有点小题大做,但相信没有几个人会去怜悯她,认为她是无辜的,也许更多的人会认为她是自作自受,咎由自取。

急功近利的心态就是职场的"近视眼"。几乎所有患有这种病症的职场中人,似乎都与"五斗米"有着不解之缘。他们绝不会放过每一个置于眼前的"五斗米"

的机会,而最后却难免为自己口袋里并没有装入多少米而劳神奔波。

当双眼专注于一个"快"字之时,心智就极易被蒙蔽。结果往往是虽然加倍付出,却得到更少,失去更多。因为分不出时间审视自己,也不再追问自己:我走的方向对吗?路途是否有坎坷崎岖?准备充分吗?是否有足够的食物支撑我抵达终点呢?走到中途时,是否有办法得到补给?有没有更快更便捷的路呢?

急功近利者,看待事情往往是"一叶障目,不见泰山",为了尽快摆脱眼前的困境,从不考虑未来的利益,这无疑是饮鸩止渴,虽然求得了一时的痛快,却是以长远的痛苦为代价。这样做往往是得不偿失。

有人曾说,这个世界上有两种人,一个简单的实验就可以把他们区分开来。假设给他们同样的一碗小麦,一种人会首先挑选一部分用于播种然后再考虑其他问题;而另外一种人则不管三七二十一把小麦全部磨成面粉,做成馒头吃掉。

现实生活是纷繁复杂的,要想拥有真正的幸福,获取长远利益,就要有长远的眼光,能够从全局把握问题,不要为了暂时的既得利益,破坏自己今后人生发展的大局。而要想实现这种美好幸福,就要做到善于从宏观上把握问题,还要懂得不拘泥于小节,保持清醒的头脑,克服眼前的诱惑。

成功的路是那样的遥远,充满艰辛,每一个在起点上充满信心、跃跃欲试的年轻人,都无限地憧憬着这条路的尽头。口袋里的馒头固然可以令他们在刚启程时跑得飞快,不过吃光了眼前的,恐怕就没法指望下一顿了。成功需要储备,仓库里的东西越充足,成功的机会就越大,也才可能走得更远,走得更好。

◎ 实践出真知，从身边小事做起 ◎

很多人都借口胸怀大志而对身边的小事不屑一顾，但一屋不扫何以扫天下？小事中往往蕴含了真理，而实践又是检验真理的唯一标准。

要成大事，首先就需要具备做大事的能力。怎样培养能力？不外乎两条途径，学习和实践。理论重要，还是实践重要？答案当然是实践重要。实践才能出真知，而要实践就必须置身于自然和社会之中。只有从身边的小事做起，不断实践，不断积累，才能够垒起成功的基石。成功都是经过不断的实践积累而来的。我国明代著名医药学家李时珍给我们提供了这方面丰富的经验。

李时珍是我国明代伟大的医学家、药物学家和植物学家，他用毕生精力所完成的医学巨著《本草纲目》，这本书被誉为"古代中国的百科全书"，并被世人称为"天下第一药典"，这部书不仅对中国，而且对世界医药学和生物学的研究都作出了重大的贡献。

李时珍为何能取得如此大的成就？从身边的小事学起，这就是他成功的经验。

李时珍出生在一个医学世家。他从24岁开始收治病人。在治病救人的过程中，他发现以前的医药书里好多草药不是没有记载，就是错误百出、混乱不堪，真是害人不浅！他说："熟读王叔和，不如临症多。"他认为熟读书不如多实践。后来，他撰写《本草纲目》时，便是根据自己的医疗实践，对以前书里的错误一一作了修正。在旧的记载里，虎掌和天南星本来是一种草药却误认为是两种；把卷丹张冠李戴地当成了百合；甚至还把狼毒当成了防葵，勾吻当作了黄精，这是把毒药当成了补药,就更加害人了。为了修正医书的错误,他从自己的实践出发,每确认一条就修改一条。随着他的日积月累,积少成多,终于有了后来的《本草纲目》。

有一次,李时珍问父亲:"书上说白花蛇肚皮下有24块斜方形的花纹,是真的吗?"父亲回答说:"我们蕲州有的是白花蛇。你可以到凤凰山抓一条看看,不就明白了吗?"第二天,他早早地便到了凤凰山,恰巧看到一个捕蛇的老人爬到了山洞附近,捉到了一条白花蛇。他一看,的确是这样,这才在书上记载下白花蛇肚皮下有24块斜方形花纹。

当看到书上说穿山甲能吃蚂蚁的时候,李时珍怎么也想象不出来穿山甲是怎样吃蚂蚁的。为此,他特意到湖边去观察。看到穿山甲把鳞片张开,身上放出一种特殊的气味,而蚂蚁一闻到这种气味,就钻到鳞片底下。等蚂蚁爬满了全身,它便猛然把鳞片一合,很快钻进水里,然后再把鳞片张开,等蚂蚁都浮到水面上时,它就用舌头去舔,饱餐一顿。他特地解剖了一只穿山甲,"曾剖其胃,蚁约升许也。"这才相信了记载。正是因为李时珍严谨的治学态度,从身边小事着手,才有了《本草纲目》中这些准确而详细的记载。

李时珍经常收集民间偏方。他给人看病不要钱,只是求人家告诉他一两个偏方或验方。李时珍看病不收钱并不是糊涂,他得到的民间药方才是真正的财富。"远穷僻壤之乡,险探仙麓之华。"李时珍几次外出游历、行医、采药,足迹遍布大江南北,行程万里,历尽艰辛,收集整理的偏方、验方不计其数。正是有了他这种在实践中不断学习,从身边小事积累的品质,《本草纲目》才有了丰富的内容。

李时珍听说曼陀罗花的籽用酒冲服后,会使人发笑。为什么会使人发笑呢?为了撰写好《本草纲目》中关于这方面的内容,他冒着生命危险,吞服了曼陀罗籽,亲身体验药效。从开始发笑,到后来感到精神恍惚,竟然失去了知觉。等药性过了以后,才逐渐恢复了知觉。由此他发现了曼陀罗花的麻醉作用。他在吸取前人经验的基础上,创造性地把它与火麻子花混合在一起,制成了外科手术的麻醉剂。他在《本草纲目》里写道:"八月采此花,七月采火麻子花,阴干,等分成末,热酒调服三钱,少顷皆昏如醉,割疮灸火,宜先服此,则不觉苦也。"这两种药物的麻醉镇痛作用,已经为现代医疗实践和医理所证实。直到现在,在中西医结合治疗中还在普遍采用。假使没有李时珍这种不顾性命的糊涂举动,曼陀罗花的这种效用可能至今还不为人知。

李时珍的真知灼见是从哪里来的?是从大自然这部书中得来的,是从劳动人民那里求教来的,是从亲自观察、亲身实践当中摸索来的,更是从一点一滴的小事积累而来的。正因为李时珍从不忽视身边小事,从小做起,才成就了这本经典名作《本草纲目》。要成功就不能忽略小事,只有从小事做起,才能成就大事。古语说"泰山不拒细壤,故能成其高",同样的道理,从身边的小事做起,从实践出发,一点一点地积累就能得到成功。

在日常生活中,很多时候我们都是重复地做着许多琐碎的、简单的小事,有时候会为自己不值,总是觉得"天将降大任于斯人也"。于是,有时候就会怀着无所谓的态度,不去认真对待,总认为这些小事太简单,太轻松,有种不屑一顾的感觉。其实,能够将这些小事做好也是一件不容易的事。所谓积少成多,每一件事都值得我们认真去做。即使是最普通的事,也应该付出你的热情和努力,而不是敷衍应付或轻视懈怠,要多关注怎样才能把工作做得最好,全力以赴、尽职尽责地去完成它。

◎ 你的行为要接受理智的指挥 ◎

理智的人使自己适应这个世界;不理智的人却要世界适应自己。

理智就是一个人运用知识、理解、思考和决断的能力,或辨别是非,分清利

第7章 用谋略驾驭勇气

害关系以及控制自己行为的能力。

"理智"这两个字,应用的范围很广泛。无论是在哪个角落空间,哪种环境位置,包括情感付出、真情真心的给予、爱情婚姻的追逐等,都离不开它。成年人为人处世,是要有理智和思考的,不能想怎么样就怎么样,爱怎么做就怎么做,为所欲为。如果做什么事情,都只会按照自己的意愿想法,随心所欲,这是没有理智和成熟思考的人的做法。而理智的人们,无论是在职场,还是日常生活中,做一件工作或是生活中的大事小事,要都事先经过大脑,进行有理性的思考,做出规划安排,然后才会抱着一种积极理智的心态,去完成任务。这才是有理智的人们采用的一种成熟理念和思维方式。任何时候,人们都需要进行有理智的思量和思考,然后,才能进行有理、有节、有理性、健康的交流和沟通。

有报道说某饮料某种成分超标,在政府没有明文公示前,超市并没有盲目下架,消费者也没有盲目不买,这是理智;前一日有股评专家看空后市,结果次日开盘股指就高开高走,这让听信专家言论做空后市的投资者毫无回补的机会,这是对不坚定持股者的惩罚,也是对理智的持股者的回报。

理智的人不仅会努力工作,更会在行动前思考,制订计划,享受巧做带来的快感。如果事前能拿出一些时间去认真思考、就会觉得工作非常有趣。想做就要去做,但还要学会巧做。巧做就是要抓住问题的关键,找到解决问题的针对性方法,这样就可以达到事半功倍的效果。

我们经常会看到这样一些小孩子:在父母长辈的宠爱下,说话没大没小,做事情颠三倒四;对家里来的客人,没有礼貌,调皮捣蛋,无一刻安宁,被称为"人来疯";跟着家人上超市,孩子会停在自己喜欢吃的食物前面纠缠着让父母买,怎么劝告都不听。小孩子的心智还没有发展完善,那么这些生活中的"随心所欲",情有可原,因为他们的确还不太懂事。但是,很多成年人,到了应该懂事的年龄,还是不能约束自己的言行举止。这些人缺乏足够的自制力,放任自己,经不起丝毫的诱惑,做事不考虑后果,任意胡为,总是"本我"过于强大。

自制力也就是自我克制的能力，是指人们能够自觉地控制自己的情绪和行为，既善于抑制那些不符合既定目标的愿望、动机、行为和情绪，又善于激励自己勇敢地去执行决定。

自制力是坚强的重要标志。

谁都明白这样一种道理：无论是男人或是女人，如果所要追求的是一份人世间最美好的真爱。无论是做人还是做事，无论是在职场竞技，还是生活婚姻，每个人都要充满理智。

有理智的人们，绝不会感情用事，不会全身心地投入到一个明知道不可能实现的理想，或是一场看上去很美，实际上却是如水中月，镜中花那样的目标。因为，有理智的人们明白这样的一个道理：不切实际的梦想，哪怕是梦寐以求的，最终不过只是镜花水月而已。

清朝时候，有一个商人在外地做经商，半生操劳，终于攒下一笔丰厚的财产，便准备回家与妻儿团聚，共享天伦。路上为了安全起见，他特制了一把油纸伞，将粗大的竹柄关节全部打通，把珠宝玉器放进去。果然是好主意！一路上，无人打扰。眼看就快到家了。这天下着小雨，他来到一个小面馆，吃饱喝足之后顺便在座位上打了一个盹儿。醒来时，猛然发现油纸伞已不见踪迹！他打了个冷战，这伞里装着他的身家性命啊！

若是平常人遇到这种事恐怕早就发疯了，肯定是去报官、贴榜，搞得沸沸扬扬。但是商人很快就镇定下来。因为他发现手里的小包袱完好无损，猜想不过是有人顺手拿伞来遮雨。片刻之后，他终于有了主意，就在集市旁边租了个房子，以修伞度日。转眼大半年的时间过去了，他的那把伞依然没有出现。一天，他无意中听到米店老板对伙计说："那把伞就不要拿去修了，那么破了，不如买把新的，一把伞花不了几个钱。"于是商人又想了一个好主意：油纸伞以旧换新。

消息很快传开了。不久，来了一个中年妇女，手里拿的正是商人魂牵梦萦的那把油纸伞！商人压抑着惊喜，不动声色地收下了那把伞，眼光迅速地一扫，看到伞柄封处完好无损,于是,转身从店里挑了一把最好的伞给了那人,然后徐徐关上了店门。

当天夜里,商人就带着珠宝悄悄地走了,神不知鬼不觉。留下当地的人纷纷猜测那位和善的修伞人到哪里去了。

这个商人无疑十分理智、冷静,他在紧要关头成功地遏制住了冲动的魔鬼。试想,如果他在油纸伞丢了之后,一时冲动,去官府报案或是大叫大嚷、痛哭流涕,大张旗鼓地寻找,其后果可想而知。本来只是拿伞遮雨的人一旦听到有珠宝的消息,只怕会迫不及待地将其占为己有。退一步讲,即使拿伞的人心地善良,将伞归还给了商人,也难保土匪不会打这笔钱的主意。想想看,商人当初就是害怕被盗贼抢夺,才把钱财换成珠宝,封在伞柄里。所以,无论发生上述哪种情况,一旦声张出去,后果不堪设想。这个商人成功地压制住了自己的冲动,冷静下来,发挥自己的才智,想出修伞、以旧换新这样的方法,最终重获珠宝,平安快乐回到家里。

◎ 遇事多考虑,有勇有谋方能成功 ◎

做事能否成功,往往取决于对情况的掌握程度。千万不要在事情还未考虑成熟时,便早早下手,草率行事。在许多的时候,遇事多考虑考虑,就能避免一些不必要的差错。

遇事要多考虑一段时间,尤其是遇到你无法决定的事情,首先要问自己:这件事可行吗?该考虑的事是否已经都想到了?有没有什么遗漏?有什么可参考的案例吗?因为在处理问题时,只有理智地作出选择才能顺利实施,才能使自己变得更加成熟!

在生活中,我们经常会看到这样的情况,在接受某个任务、安排某个工作或者答应帮某人做事时,明智的人总会回答对方:"这事儿,请允许我考虑一下!"

美国有个家庭主妇想选择一个银行办理存款业务,她的朋友介绍她到某个私人银行去存钱,这个主妇对她的朋友说:"我不清楚这家银行的信誉,让我考虑一下好吗?"

在考虑的这一段时间里,这个主妇认真地收集有关这家银行的资讯,还在一个聚会上遇见了这个银行的董事长。主妇发现这个董事长精神萎靡不振,不像是一个事业得意的人的样子。主妇从这个小细节入手,判断这家银行可能不景气,于是她把钱存到了另一家银行,没过多长时间,朋友介绍的这家银行就因为经营不善倒闭了。

如果这个主妇遇事不经考虑,轻率地相信别人,把钱存到那家快要倒闭的银行,其结局可想而知。

在谈到自己做事的原则时,著名的发明家爱迪生感慨地说:"我自以为对的事,一经实验之后,就往往会发现错误百出。因此,我对于任何大小事情,都不敢过早地下肯定的决定,而是要经过仔细权衡后才去做。"而在现实中我们会发现,有的人遇到事情不假思索急于去做,往往事后后悔不已,给人留下一种鲁莽毛躁的不良印象。如果在遇到事情时能多考虑一会儿,仔细权衡一下,虽然并不一定能保证做成功,但他的成功率会很高很多,至少也会给人留下成熟稳重的感觉。

我们无法预测未来,所以很多事情成功与否往往取决于你是谨慎小心还是鲁莽草率。有些人之所以失败,原因在于缺乏思考。做事之前他们对事情的考虑总是不成熟,只求做得快,得到的结果却是失败得更快,常常事与愿违。而那些头脑清醒的人们总是在经过周密考虑之后,才会采取行动。这种把事情考虑得周到、透彻的人,做事自然就会又快又准,成功也就理所当然了。

一个报社的记者接受了上司的安排去采访一个事件。本来这次采访工作有相当的困难,但是当上司问他有没有问题时,这位记者却不假思索地拍着胸脯说:"没问题,包你满意!"

时间过了三天,采访工作没有任何进展。在上司的追问下,他才老实地回答说:"不如想象的那么简单!"当时上司虽然并没有说什么,但留下了他做事草率的印象,并且开始对他有些反感。由于工作的延误,导致整个部门的工作都无法按时正常完成。之后上司也就不再委任他重要的工作了。

这就是做事欠缺思考的后果。如果他当初思虑周全,仔细分析一下可能会出现的困难,并据此提出比较好的采访方案,那么即使晚几天,上司也会理解的。可惜他并没有这么做,只是轻率地答应下来,才落得工作没做好还要被冷落的下场。

当你遇到问题一时难以决定应该怎么做时,先不要盲目行动,而应仔细考虑斟酌一番。等到你对那个问题有了完全的了解,并且对于解决方法有了充分的把握之后,你就不妨一试,因为这时你已经可以无所顾忌地进行了。做事能否成功,往往取决于对情况的掌握程度。千万不要在事情还未考虑成熟时,便早早下手,草率行事。在许多的时候,遇事多考虑考虑,就能避免一些不必要的差错。

◎ 不要轻信别人,凡事多留个心眼 ◎

真诚豁达固然重要,但不轻信他人也是为人处世不可不知的技巧。知人知面不知心,只有做到这样才能防患于未然。

俗话说,害人之心不可有,防人之心则不可无。在现实生活中,防患于未然,遇事多留个心眼,是融通处世、一生顺达的必要前提。

"害人之心不可有,防人之心不可无",所谓"防",强调的是一种防范意识,不但要防他人因利益关系对自己进行恶意攻击,同时也要防将自己的软肋无谓地展示给对手,从而陷自己于被动之地。在现实社会中,暗和明交织在一起,让人不知所措,很难从容适应这个社会。很多人吃亏上当的主要原因,就是由于轻信朋友、轻信同事、轻信一面之交的人。他们通常缺乏理性的提防意识,表现出较强的情感倾向性。

练武之人讲求"眼观六路、耳听八方",凡事多留个心眼总是没错的。其实不光是练武,为人做事也要多看多听、多留心眼。"明枪易躲,暗箭难防",唯有如此,才能及时有效防止冷箭袭击,避开祸端。

做人切不可心存侥幸,以为自己是幸运儿,所有灾难祸患都会绕开自己走。如果以这样的心态来做事,就有可能使自己受到重创。要切记:任何时候都不能掉以轻心,以免被别人算计。凡事还是应谨慎小心为上。

最放心的地方往往最易失守。有很多人惯于使用两面的交际手法,表面上对你是百般友善,甚至比亲兄弟还要亲,但在利益的面前他们却暴露出阴险狡诈的一面,在你毫无防备的时候,他会从背后狠狠地捅你一刀,让你损失惨重,追悔莫及。

得意不忘形,失意不失态。人处在顺境时最易忘乎所以、失去警惕,这样往往会栽大跟头;人处在逆境时则容易意志消沉、自暴自弃,失去前进的动力。做人贵在以超然之心看待自己的得与失,时刻要记得得意时不忘形,失意时不失态。

小心踩着"老虎尾巴"。当我们在社会这个"大森林"里探索的时候,要记得"老虎"的屁股不可乱摸,否则必会受到伤害。要处处留心,多加防范,不要在无意之中踩到了它的尾巴,冒犯了"老虎",而被它弄个皮开肉绽、头破血流。

不要泄露自己的底牌。人生在世,与人交往是难免的,大家必须合作共事。要想获得利益,就需要通过造势来设局,以设局来获得共鸣,以共鸣赢得人心,赢得对方的信赖。这样做才能把控对方,掌握全局。在人与人的交往中,一定要把自己制胜的法宝留在最后面。

完善自己的积极心理防卫机制。"害人之心不可有、防人之心不可无",在社会上还存在着不法之徒的情况下,"防人之心"是绝对少不得的,特别是涉世不深的青少年更应保持警觉。

有一次,待业女青年梅伦去往南方某地探亲,在乘车途中与一位看似很"富有"的中年男士坐在了一起,那男子十分热情和蔼,两人相谈甚欢。他自称是某外企的人事部经理,到内地招工,并拿出名片给她看。梅伦当时正为工作的事情而犯愁,当即表示愿意前往应聘。中年男子允诺举荐她当秘书,听罢此言,梅伦十分感激。到站后,遂跟他下车,在他的安排下住进一家旅店。就在这一夜,梅伦遭到了侮辱,身上仅有的一点钱也被抢走了,原来这位自称经理的人竟然是个流氓诈骗犯。

可见,在与陌生人交往时,不能过于天真,过于轻信。麻痹、轻信是骗子们成功行骗的心理助手和帮凶。因为行骗者通常是心理专家,他们十分注意研究人们的心理弱点,并善于利用人们爱慕虚荣、急功近利、贪小便宜等特点,投其所好,采用各种伎俩把自己伪装成事业上的强者、职位上的优者、经济上的阔者,以诱人上钩并巧妙解除人们的心理防卫体系,以便最终达到行骗的目的。因此,为消除人们这个弱点,具体说来应注意以下几点:

1.不要被虚假的表面所蒙蔽

人们习惯于以貌取人,在同陌生人初次打交道时,总是容易对风度翩翩、仪表堂堂的人产生好感。骗子也正是善于利用人们这种爱慕虚荣、追求美貌的心理,而精心包装自己的外表,从而蒙蔽他人,诱使人们上当受骗。因此,在同陌生人交往时,千万要提高警惕,绝不要被表面现象所迷惑。

2.不要被甜言蜜语所打动

甜言蜜语容易麻醉人们,这一点骗子们自然是懂得的。他们善于献殷勤、套近乎,以取得人们的好感。当人们处于困境或苦闷孤独中,最希望得到同情、关

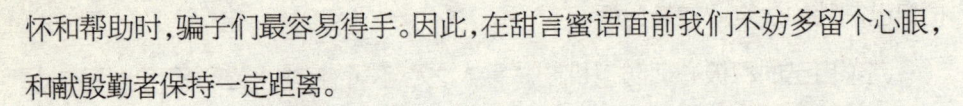

怀和帮助时,骗子们最容易得手。因此,在甜言蜜语面前我们不妨多留个心眼,和献殷勤者保持一定距离。

3.不要被不实的承诺所迷惑

人们容易对他人承诺表示感激而产生信赖感。此时,也正是人们心理防卫容易失效的当口。上述待业女青年梅伦便是如此。因此,对于萍水相逢之人的承诺,切记要有所警惕,毕竟陌生人张口就承诺往往是不靠谱的,如果轻信,就可能成为骗子们的猎物,受伤害的就只有自己。

当然,加强积极防卫的心理并不是要人们把自己封闭起来,拒绝与人交往,更不是风声鹤唳,草木皆兵,闹到谈虎色变、谨小慎微的地步。只要我们在与陌生人打交道时,做到热情而不失真诚、相信而不是轻信,那么形形色色的骗局在你面前都将无所遁形。

第8章
在行动中想办法

　　天无绝人之路，无论何种困难，只要你敢于直接面对，而不是一味地逃避，处处留心，注意找寻合理的方式方法，那么一定会解决它。遇到问题，主动去探寻问题的根源并找方法加以解决的人，是职场中的稀有资源，更是经济社会的珍宝。所谓成功人士不仅是比常人抓住了更多的机会，而且他们还能够创造属于自己的机会，用行动成就梦想。

◎ 最成功的人是最重视找方法的人 ◎

> 再大的困难，再大的压力，也无法吓倒一个优秀的人。只要你处处留心，注意找寻方法，那么人人都能成为成功者！因为，在有志于成功的人看来，处处充满着良机！

最成功的人，一定是最重视找方法的人。

李嘉诚，他的名字可谓家喻户晓。他之所以能够取得那么大的成功，是有一定原因的。从很早以前打工的时候开始，他就是一个通过找方法去解决问题的高手。

他曾经在茶楼做跑堂的伙计，后来应聘到一家企业当推销员。做推销员穿街过巷的很辛苦，可这一点难不倒他，以前在茶楼工作的时候成天跑前跑后，他早就练就了一副好脚板。可作为推销员最重要的，还是怎样想方设法地把产品推销出去。

有一次，李嘉诚去写字楼推销一种新型的塑料洒水器，一连走了好几家公司都无人问津。一个上午过去了，一点进展也没有，如果下午还是毫无成绩，那他回去将无法向老板交代。

尽管推销颇为艰难，但他没有气馁，还是不停地给自己打气，精神抖擞地走进了另一栋办公楼。他观察到楼道上的灰尘很多，突然灵机一动，没有直接进办公室去推销产品，而是先到洗手间，往洒水器里装了一些水，并将水洒在楼道里。经他这样一洒，原来脏兮兮的楼道，一下变得干净了许多，十分神奇。这一来,立即引起了主管办公楼的有关人员的兴趣,就这样,一下午他就很轻松地卖掉了十多台洒水器。

李嘉诚这次推销成功的原因是什么呢?在于他使用了一个非常有效的推销方法。要让客户动心,就必须掌握如何才能影响他们行为的规律。"听别人说得好,不如自己看到的好;看到的好,不如使用起来好。"一味地讲自己的产品好,哪里比得上亲自示范、让大家看到使用后所产生的效果好呢?

在做推销员的时候,李嘉诚就十分重视分析问题和总结方法。慢慢地,公司的老板发现:李嘉诚跑的地方比别的推销员都多,成绩也是全公司最好的。

他是怎么取得这些成功的呢?

原来,他将香港分成几大片区,根据以往的经验对各片区的客户结构进行分析,了解哪一片的潜在客户最多,接着就有的放矢地去做重点推销,再加上他的勤奋努力,这样一来,自然要比别人收获更多的成功。

波兰著名音乐家肖邦,曾由于不堪忍受亡国奴的痛苦,来到了巴黎,结识了李斯特、柏辽兹、门德尔松等著名音乐家。李斯特对肖邦的音乐才华十分欣赏,两人一见如故。为了帮助肖邦在巴黎成名,尽快使巴黎的广大观众接受肖邦,他和肖邦两人想出了一个无比绝妙的方法。

当时,欧洲的音乐会进行演奏时,按照欣赏习惯是不亮灯的。在一次晚间演出的音乐会上,刚开场时巴黎人熟悉和崇拜的李斯特端坐在钢琴前向观众致意。然而待到台下的灯光熄灭以后,李斯特悄悄地走进了后台,换上肖邦代替他进行演奏。在寂静的夜幕里,行云流水般的琴声,充满了诗情画意,全场的观众听得如痴如醉,演奏一结束,台下掌声雷动。就在这时,舞台上灯光突然亮了,令观众大为惊愕的是,站立在钢琴之旁的人却不是李斯特!这时李斯特走到了出来,郑重地把肖邦介绍给了观众。就这样,由于李斯特的巧妙安排,肖邦从此名噪巴黎乐坛。

许多年前,美国兴起一股石油开采热。有一个雄心勃勃的小伙子,也来到了

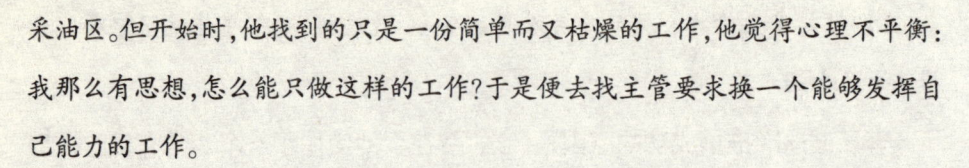

采油区。但开始时,他找到的只是一份简单而又枯燥的工作,他觉得心理不平衡:我那么有思想,怎么能只做这样的工作?于是便去找主管要求换一个能够发挥自己能力的工作。

主管听完他的话,只冷冷地回答了一句:"你要么好好干,要么另谋出路。"当头给他泼了一头凉水。

那一瞬间,他涨红了脸,生气极了,真想立即辞职不干了,但考虑到一时半会儿也不容易找到更好的工作,于是只好忍气吞声又回到了原来的工作岗位。郁闷地回来以后,他突然有了一个想法:我不是很有思想吗?那么为何不能就在这平凡的岗位上想办法取得成功呢?

于是,他对自己的那份工作进行了认真细致的分析研究后发现,其中的一道工序有改变的必要:这道工序每次都要花39滴油,而实际上只需要38滴就足够了。

经过反复地试验,反复地改进,他发明了一种只需38滴油就可使用的机器,并将它推荐给了公司。千万不要小看这1滴油,它给公司节省了大量的成本!

你知道这位有思想的年轻人是谁吗?他就是洛克菲勒,美国最有名的石油大王。

这个故事带给我们的启示就是:只要你处处留心,注意找方法,那么人人都能成为成功者!处处都是成功的良机!

要知道,外部的困难、不尽如人意的条件、一个接着一个的压力与挑战等,它们都无法吓倒一个真正优秀的人。

而关于这一点,洛克菲勒还给我们提供了一个非常经典的故事。

第二次世界大战后,刚成立的联合国总部因为没有找到合适的办公地点而发愁。这时,洛克菲勒非常慷慨地将自己在纽约的一大片土地,无偿地捐给联合国。联合国的人员喜出望外,高兴接受了这份馈赠,并对洛克菲勒表示了深深的谢意。

难道洛克菲勒仅仅就是为了得到联合国的谢意吗?非也,早在给联合国捐

第8章 在行动中想办法

赠这片土地之前,他就在纽约买了一大片土地,但是那些土地的市场状况很不乐观,他正在想方设法地扭转这一局面。当他知道刚成立的联合国总部正在为没有找到合适的办公地点而发愁时,觉得转机来了。当联合国接受他的馈赠后,周边土地立刻变得炙手可热,地价一飞冲天,除去所捐土地的成本,他还狠狠地赚了一大笔!

看,这就是重视找方法而带来的妙处和产生的巨大价值!

◎ 只要努力想办法,一定能有好方法 ◎

> "出人意料的灵感,只有经过了一些日子,通过有意识的努力后才能产生。没有努力,机器不会开动,也不会生产出任何东西来。"
> ——彭加勒(法)

其实工作完成好坏不仅在于你怎么做,还在于你想怎么做。一个勤于动手和善于思考的人,总是能找到最好的办法完成工作的。这样的人,必将成为生活的强者和企业的中坚力量。

现代心理学的研究表明,面对困难时积极想办法的态度会激发我们的潜在智慧。因此,一些成功的企业家在遇到困难的时候,通常会注意营造一种动脑筋、想办法的氛围,他们相信天无绝人之路,一定会找到解决的办法走出困境,而无路可走的总是那些不下功夫找路的人。

"确实是没办法!"

"真的是一点办法也没有!"

这样的话,你必定十分熟悉,在你的周围,估计你也会经常听到这样的声音。其实当你向别人提出某种要求时,如果别人也这样回答,你肯定会感到非常失望!

同样,当你的上级给你布置某个任务,或者你的同事、顾客向你提出某个要求时,如果你也这样回答,我想你应该能够体会到别人对你的失望!

也许一句"没办法",我们好像就已经为自己的推脱找到了最好的理由,然而也正是因为一句"没办法",让我们掐断了很多创造之花,从而妨碍了我们前进的步伐!

是真的没办法吗?还是我们根本就不愿意动脑筋想方法呢?

2001年7月13日,北京申奥成功,举国欢庆。每个国民不仅为中国得到世界的承认而自豪,也为北京得到这样一个机会而高兴。但你不知道的是,在1984年以前,敢于申办奥运会的国家没有几个。这是为什么呢?主要是因为在相当长的一段时期内,举办奥运会是赚不到钱的。

但是,1984年举办的美国洛杉矶奥运会却是一个转折点,在这次举办的奥运会上,美国政府不但没亏一分钱,反而盈利2亿多美元,可以说是创下了一个奇迹。而创造这一奇迹,是一个名叫尤伯罗斯的商人。

为了想出让奥运会赚钱的方法,尤伯罗斯将其与企业和社会的关系做了通盘的考虑,而其中突出的方法就是将奥运会电视实况转播权进行拍卖,当时这种举措可以说是开创了历史之先河。

最初,工作人员提出一个在当时看来已经是个天文数字的最高拍卖价——1.52亿美元,但却遭到了尤伯罗斯的坚决否定,他认为这个数字太保守了。

因为他敏感地觉察到了人们对奥运会的兴趣正在不断高涨,奥运会已经是全球关注的热点。一旦将直播权进行公开拍卖,势必会引起各大电视台之间的竞争,那拍卖价肯定会在激烈的争夺中不断抬高。果然不出所料,后来单电视转播权一项就为他筹集了2亿多美元资金。

在以往的奥运会万里长跑接力,都是由知名人士担任,但尤伯罗斯却一改

第8章 在行动中想办法

这种做法,他表示只要出钱谁都可以跑,只要身体够棒。他规定每跑 1 公里按 3000 美元收费。

这真是一个破天荒的想法!消息一公布,报名的人竟然蜂拥而至。1.5 万公里的路,最后总共收到了 4500 万美元!

这次奥运会为尤伯罗斯赢得了空前的声誉。然而当回首这些经历时,他非常感慨地说:"世上的任何事情,只要你去想办法就会有突破点,就一定会有解决的方法。"

没错,只要想办法就一定会有好方法!假如知难而退,又怎么可能创造出这样辉煌的业绩呢?

法国数学家、哲学家彭加勒曾经说过:"出人意料的灵感,只有经过一些日子,通过有意识的努力后才能产生。没有努力,机器不会开动,也不会生产出任何东西来。"

我们平时形容人主意多时,总喜欢讲一句话:"眉头一皱,计上心来。"其实这是因为有着丰富的知识与经验才得以实现的。

要想成为一名出色的职场人士,当在工作中遇到问题时,就要尽一切可能去寻找各式各样的方法去解决它。

一位中国商人关于卖豆子的话,充满了一种了不起的创意和智慧。

他说:如果豆子卖得动,那就直接卖掉赚钱好了;如果豆子滞销了,分三种办法处理:

一、将豆子沤成豆瓣酱,卖豆瓣酱

如果豆瓣酱仍然卖不动,那就腌了,卖豆豉;如果豆豉还卖不动,干脆加水发酵,改卖酱油好了。

二、将豆子做成豆腐,卖豆腐

如果豆腐不小心做硬了,改卖豆腐干;如果豆腐不小心做稀了,改卖豆花;如果豆腐实在太稀了,改卖豆浆;如果还是豆腐卖不动,放几天,改卖腐乳;再卖

165

不动,改卖臭豆腐。

三、让豆子发芽,改卖豆芽

如果豆芽滞销,再让它长大点,改卖豆苗;如果豆苗还卖不动,就再让它长大点,干脆当盆栽卖,美其名曰"豆蔻年华",到城市里的各大中小学门口摆摊和到白领公寓区开产品发布会,须知这次卖的是文化而非食品;如果还卖不动,建议拿到合适的闹市区进行一次行为艺术创作,题目就叫作"豆蔻年华的枯萎",切记要以旁观者身份给各个报社写个报道,如成功则可以迅速成为行为艺术家,付出的代价仅仅是豆子,顺便完成另一种意义上的资本回收,同时还可以拿点报道稿费;如果行为艺术没人看,报道稿费也拿不到,那就赶紧找块地,把豆苗种下去,灌溉施肥,勤于耕作,3个月后,收成豆子,重新拿去卖。

如上所述,循环一次。经过这么往复循环,即使没赚到钱,但囤积的豆子数量将相当可观,那时候,想卖豆子就卖豆子,想做豆腐就做豆腐!

在这个中国商人充满智慧的设想中,各种解决问题的途径就是在积极地去想办法找方法的过程中产生的,一个人若能爆发出如此令人惊叹的智慧,那成功离他还会远吗?!

◎ 遇到困难不逃避,想办法才是关键 ◎

假如困难是一座山,你躺在山下哀号,只会觉得山高不可攀,因为你永远在仰视它。你应做的是起身去攀登它,直到让山在你的脚下。

俗话说,困难是弹簧,你强它就弱,你弱它就强。面对困难,倘若我们只是一味逃避,一味害怕,那么我们会被困难牢牢地压在脚下,只能做困难的奴隶;倘

第8章　在行动中想办法

若我们敢于正视困难,迎头直上,想办法去解决困难,那么困难就迎刃而解了。

一个人如何对待失败是决定成功与否的关键因素。如果你的内心认为自己失败了,那你就可能永远地失败了。诺尔曼·文森特·皮尔说:"确信自己被打败了,而且长时间有这种失败感,那失败可能变成事实。"而如果你拒绝承认失败,认为这只是人生中一时的挫折,那你就会有成功的一天。

不要害怕失败,要勇于尝试。有些人之所以害怕失败,是因为他们害怕失去自信心,他们总是试图将自己置于万无一失的位置,不幸的是,正是这种态度牢牢地把他们困在了一个不可能做出什么杰出成就的位置上。还有的人惧怕失败,是因为他们害怕失去第二次机会。在他们看来,万一失败了,就再也得不到第二个机会来争取成功了。如果这些人知道,有多少著名的成功人士都曾经失败过,就会给他们增添一些希望。

亨利·福特说:"失败不过是一个更明智的重新开始的机会。"福特本人也有过许多失败的直接体验。当他头两次涉足汽车工业时,都以破产失败而告终,但第三次他成功了,福特汽车公司成为了世界最大汽车生产厂家之一,至今仍然充满活力。还有一个有名的"失败"故事,它的主人公是个年轻人。他的梦想是进入美国西点军校,毕业后为国家服务。但他两次报考均未被录取,第三次报考终于让他如愿以偿。这个年轻人就是道格拉斯·麦克阿瑟。他后来成为美国最高级将领之一,在第二次世界大战期间担任太平洋战区盟军总司令。无论经历多少失败,他从来没有想过放弃。

一位8岁的小女孩去教士家学刺绣,每当她走到教士家门口时,便会有一只雄鹅凶猛地朝她扑来,好几次还啄伤了她。女孩吓得号啕大哭,再不肯去学刺绣。无论她的母亲怎么千方百计地劝说,但她说如果没有人给她做伴,她是绝不肯去学的。女孩的父亲于是找了根长长的棍子交给他5岁的儿子,并告诉他如果雄鹅来了,你尽管大胆走过去,然后用棍子狠狠打它,它就会跑掉了。"希望你的胆子比姐姐大!"父亲最后对他说。

小男孩跟着姐姐来到教士家,刚推开院门,那只凶猛的雄鹅便发出可怕的叫声,高高地伸着颈项,向他们冲过来。男孩的姐姐尖叫着转身就跑,小男孩也想跟着姐姐跑,但他想起了父亲的话,于是鼓起勇气,闭着眼睛颤抖地伸出手中的棍子在周围一通乱打,雄鹅终于害怕起来,惨叫着回到一群鹅中间去了。

这个小男孩的名字叫西门子,他后来成为德国著名的电器发明家。他在70多年后出版的《西门子自传》中说:"因为童年的一点启示,而使我终生受用,不知不觉地给了我无数次的鼓励:遇到切身危险不要回避,要大胆迎上去,加以痛击。"

你相信一个一无所有的穷小子能摇身一变成为世界著名的船王吗?这并非神话,而是绝对的事实!

16岁时奥纳西斯搭乘一艘破旧的货船来到阿根廷,在布宜诺斯艾利斯,他找到了一份焊工的工作。他每天省吃俭用,不久就积攒了一笔小积蓄。他不想一辈子只做焊工,他想成为一名富翁,于时,奥纳西斯开始思考以后的发展道路。他用自己的积蓄创办了一家公司,经营烟草,后来,财产超过了10万美元。年仅24岁时,奥纳西斯就成了希腊驻布宜诺斯艾利斯的总领事。

1929年,经济危机爆发了,这场席卷世界的危机使很多企业顷刻之间倒闭破产。在这场经济浩劫中,奥纳西斯却看到了商机。他认为经济一定会很快复苏,于是他在船东们急于出手时抢购了一批便宜货。当他得知加拿大国营铁路公司要出售六艘船,而售价仅为2万美元时,他非常兴奋,二话没说,当即赶到加拿大,买下了这六艘船,很多人都认为他疯了。不过时间证明,奥纳西斯的判断是正确的。随后发生的第二次世界大战,为奥纳西斯带来好运。他购买的那六艘船,一夜之间成为浮动的金砖,如潮水一样的利润滚滚而来。二战结束后,奥纳西斯就已经成为了希腊的船王。

二战结束后,奥纳西斯预见在不远的将来一定是经济发展的黄金时代,石油一定会供不应求。于是,他开始投资建造油轮。从1951年到1955年短短的5年间,他便拥有了5万吨油轮总吨位。在后来的又一个5年,他的油船总吨位已经达到了10

万吨。奥纳西斯用他的巨大财富昭示世人,他是世界上名副其实的船王。

假如困难是一座山,你躺在山下哀号,只会觉得山高不可攀,因为你永远在仰视它。无需犹疑,只要相信自己能行,踏踏实实地去登山,那么,一路上会有流泉飞瀑、虫鸣鸟唱为你伴奏,有翠树红花、紫岚白云与你同行,即便山路蜿蜒,崎岖跌宕,面对如此美景,又有什么好害怕的呢?

但要明白一个道理,自信不是自负,更不是好高骛远,要量力而行。《左传·隐公十一年》曰:"度德而处之,量力而行之。"《左传·昭公十五年》曰:"力能则进,否则退,量力而行。"由此看来,"量力而行"的意思是,有多大的能耐,就做多大的事,切勿自不量力,勉强自己。

所以,我们要正确地估量自己的能力,不要去做自己力不从心的事情。"盈则满,花至半开,酒至微醉,是为最佳。"做自己无法胜任的事情,无疑是自找苦吃。

人,只有量力而行,该放就放,当收则收,才能在轻松的节奏中,快乐地收获应该属于自己的那份成功。同样的道理,明明无法做到的事情,你偏要去做,强人所难,你一定会被生活压得喘不过气来。

◎ 一千个困难必有一千零一个方法 ◎

> 人是具有主观能动性的,在面对各种困难的时候,主观能动性往往发挥着巨大的作用,所以没有解决不了的难题,有一千个困难就有一千零一个解决问题的方法。

所谓的"一帆风顺"只不过是一句美好的祝愿而已,在工作和生活中坎坷和崎岖总是会有一些的。可我们也绝不能因为怕遇到困难就不敢去做任何事情,这样就阻碍了我们前进的步伐。要知道,困难再多总能找到解决它们的办法,一千个困难必会有一千零一个解决的方法,方法总是会比困难多!

詹妮芙·帕克小姐是美国鼎鼎大名的女律师。然而她却曾经被自己的同行——一位老资格的律师马格雷先生愚弄过一次,而恰恰是因为这次经历使得詹妮芙小姐名扬全美。事情是这样的:

一位名叫妮可的小姐被美国一家著名汽车公司制造的一辆卡车撞倒,尽管当时司机踩了刹车,但不知怎么回事,卡车却把妮可卷入车下,导致妮可被迫截去了四肢,骨盆也被碾碎。可是在警察调查此案时,妮可小姐却说不清楚自己到底是在冰上滑倒掉入车下的,还是被卡车卷入车下的,因为当时事发突然,她自己也不是很清醒。汽车公司的律师马格雷先生巧妙地利用各种证据,推翻了当时几名目击者的证词,使得妮可因此败诉。

最后,绝望的妮可向詹妮芙·帕克小姐求助。詹妮芙通过调查发现该汽车公司的产品在近5年来发生的15次车祸,原因竟然完全相同。原来该汽车的制动系统有问题,急刹车时,车子后部会打转,把受害者卷入车底,她终于弄清楚了事故发生的真正原因。

于是詹妮芙对马格雷说:"卡车制动装置有问题,你故意隐瞒了它。我希望汽车公司拿出200万美元赔偿给那位可怜的姑娘,否则,我们将会提出控告。"

而老奸巨猾的马格雷回答道:"好吧,不过,我明天要去伦敦,一个星期后回来,届时我们再研究一下,做出适当的安排。"然而一个星期过后,马格雷却没有露面。这时詹妮芙仿佛感到自己上当了,但又不知道哪里上当了。当她的目光扫到了日历上时,詹妮芙恍然大悟——诉讼时效马上到期了!詹妮芙怒冲冲地给马格雷打了电话,得意洋洋的马格雷在电话中放声大笑:"小姐,诉讼时效今天就过期了,谁也不能再控告我了!希望你下一次变得聪明些!"

詹妮芙几乎要给气疯了!她问秘书:"要多少时间才能准备好这份案卷?"

秘书回答:"大约需要三四个小时。现在是下午一点钟,即使我们用最快的速度草拟好文件,找到一家律师事务所,再由他们草拟出一份新文件,交到法院,那时间上也来不及了。"

"时间,时间,该死的时间!"詹妮芙在屋中急得团团转,突然,在她的脑海中闪现一道灵光:这家汽车公司在美国各地都有分公司,为什么我们不把起诉地点往西移呢?因为隔一个时区就差一个小时啊!

而位于太平洋上的夏威夷在西十区,它与纽约时差整整5个小时!对,就在夏威夷起诉!

就这样,詹妮芙赢得了至关重要的几个小时。最后,她以铁一般的事实,雄辩的口才,发表了催人泪下的辩护,使陪审团的男女成员们都大为感动。陪审团一致裁决:妮可小姐胜诉,汽车公司赔偿妮可小姐各种费用总计达到500万美元!

这个故事告诉我们:尽管找寻解决问题的方法很困难,但是只要我们积极努力地去想办法,方法总是会找到的。同样,工作中也是这样,遇到困难,只要我们去积极面对,认真思考,总会有方法解决它们。所以当我们遇到了困难时,首先就应该树立这样坚定的信念:方法总比困难要多!

比尔·盖茨曾说:"一个出色的员工,应该懂得:要想让客户再度选择你的商品,就应去寻找一个让客户再度接受你的理由,任何产品遇到了你善于思索的大脑,都一定能有办法让它和微软的 Windows 一样行销天下的。"

洛克菲勒也一再地告诫他的职员:"请你们不要忘了思索,就像不要忘了吃饭一样。"

所以,只要努力去想,解决困难的方法总是有的;也只有努力地、不断地去找解决困难的方法,你才有可能成功,也才会收获意想不到的惊喜。

◎ 主动找方法能让你脱颖而出 ◎

你可以没有鹤立鸡群的身高，没有大象般庞大的体型，但你必须拥有不接受失败的思想、主动寻求机会的心态、毛遂自荐的勇气。这样，即使你的身材如拿破仑般矮小，也能脱颖而出。

日常工作中常常有这样两种类型的人：一种是碰到困难敬而远之的人；另一种则是迎难而上，主动去寻求解决方法的人。可以说主动去寻找各种方法解决问题的人，是职场中的稀有资源，更是经济社会的珍宝。

不管在古代还是在现代、在国内还是在国外，主动寻求方法解决问题的人都会像钻石一样光芒四射。即使他没有刻意去追求机会，机会也会主动找上门来。

福特公司是美国最大的汽车公司之一。1956年，该公司推出了一款新车。这款汽车式样、功能都很好，价钱也不贵，但奇怪的是，竟然销路不畅，反响平平，和当初设想的情况完全相反。

公司的销售人员急得就像热锅上的蚂蚁，但绞尽脑汁也找不到让产品畅销的方法。这时，公司里有一位刚刚毕业的大学生，他叫艾柯卡，却对这个问题产生了浓厚的兴趣。

当时艾柯卡是福特汽车公司的一位见习工程师，汽车的销售本来与他毫无关系。但是，公司老总因为这款新车滞销而着急的神情，却深深地印在他的脑海里。

第8章 在行动中想办法

他开始反复琢磨:我能不能找到让这款汽车畅销起来的办法呢?终于有一天,他灵光一闪,想出了一个好主意。于是径直来到总经理办公室,向总经理提出了一个方法:"我们应该在报上登广告,内容为:花56美元买一辆56型福特。"

而这个创意的具体做法是:谁想买一辆1956年生产的福特汽车,只需先付20%的购车款,余下部分可按每月付56美元的办法分期付清。

他的建议得到了采纳。结果,这一办法十分灵验,这则广告语引起了人们极大的兴趣。

"花56美元买一辆56型福特",这种宣传不但成功打消了很多人对车价的顾虑,还给人留下了"每个月才花56美元就可以买辆车,实在是太合算了"的印象。

奇迹就在这样一句简单的广告语中产生了:短短的3个月时间,该款汽车在费城地区的销售量,从原来的末位一跃成为冠军。

而艾柯卡,这位年轻的工程师,也很快受到了公司赏识,总部将他上调到华盛顿,并委任他为地区经理。

后来,艾柯卡根据公司不断发展趋势,推出了一系列富有创意的好方法,最终脱颖而出,坐上了福特公司总裁的宝座。

从艾柯卡的经历中我们能够看到:在工作中主动去想办法解决问题的人最容易取得成绩脱颖而出!也最容易得到公司的认可!

在美国,年轻的铁路邮务生佛尔,和许多其他的邮务生一样,都沿用着陈旧的方法分发信件,而这样做的结果,通常使许多信件被耽误几天或更长的时间。

佛尔却不满意这种现状,他想要找办法尽快改变。很快,他发明了一种把信件集合寄递的新方法,使信件的投递速度极大地提高了。

佛尔升迁了,5年后,他成了邮务局帮办,接着又升到了总办,最后升任为美国电话电报公司总经理。

是的,当大家都认为工作只需要按部就班做下去的时候,偏偏有一些人,会去主动寻找更好更有效的方法，将事情做得更好！也正因为他们善于主动地去寻找方法，迎接挑战，所以他们也常常最容易得到认可，获得成功！

1793年，守卫土伦城的法国军队叛乱。叛军在英国军队的支援下，将土伦城护卫得像铜墙铁壁一般。土伦城四面环水，且有三面是深水区，易守难攻。英国军舰就在水面上巡弋着，只要前来攻城的法军一靠近，就猛烈开火进行截击。法军的军舰装备远远不如英军，根本无计可施，以致前来平息这次叛乱的法国军队怎么也攻不下，法军指挥官急得团团转。

就在这时，在这支平息叛乱的队伍中，一位年仅24岁的炮兵上尉灵机一动，用笔写下一张纸条，当即交给指挥官："将军阁下：请急调100艘巨型木舰，装上陆战用的火炮代替舰炮，拦腰轰击英国军舰，以劣胜优！"

指挥官一看，连连称绝，赶快照办。

果然，这种"新式武器"一调来，威力无穷，英国舰艇根本无法阻挡。仅仅两天时间，原来把土伦城护卫得严严实实的英军舰艇被轰得惨不忍睹，不得不狼狈逃走。叛军见状，很快也缴械投降。

这一事件后，这位年轻的上尉被提升为炮兵准将。

你能猜到这位上尉是谁吗？他就是后来威震欧洲的军事天才拿破仑！

可以说拿破仑的成功，就在于他遇到问题时，像很多成功的人一样，能够抓住解决问题的关键，主动去想办法，最终走上了人生巅峰！

而正是由于有了这样的新起点，才拥有了更大的舞台，才能吸引更多的人向自己看齐，才有更多的资源向自己汇集，才能取得更大的成功。

◎ 不是每一匹千里马都能遇到伯乐,要学会自我展示 ◎

机会不是等来的,它只光顾那些时刻准备着的人。

成功人士不仅善于比常人抓住更多的机会,他们还能够根据需要创造属于自己的机会。然而,抓住机会和创造机会是需要策略和技巧的,要想在职场和商业活动中获得意料之中和意料之外的回报,它就不仅要求你对从事的工作充满热情,还要求你具备相当的专业技能,要制定合理的计划并坚持到底。

很多时候,我们都习惯于平淡的生活,不知不觉地将自己身上的桀骜之气一点一点抹杀掉,最终发现自己碌碌无为。在人生的路上,不仅要把自己当作千里马,更要找到伯乐,让自己变得更主动。其实,每个人都可以做自己的伯乐,只要找到自己的优势所在,积极开发潜能,并加以发挥,我们终会迎来化蛹成蝶,沐浴朝阳的那一天。

世界上不缺少美,而是缺少发现美的眼睛。千里马是幸运的,它借助于伯乐的举荐,得以被重用。遇不到伯乐时,何不给自己信心和勇气,让自己找到伯乐呢?判断一个人是否出色,成绩是最有说服力的明证之一。而你的工作态度决定着你是否能出色地完成工作。试想如果你有着千里马的才华,怎么不去施展一技之长,来争取属于自己的发展空间,却只甘于普通马的工作方式和待遇呢?一个善于在工作中表现自己的能力的人,才能为自己赢得成功的机会,从而成就自己灿烂辉煌的人生。

抓住机会表现自己是需要策略和技巧的,你不仅需要对从事的工作充满热情,还要拥有优秀的专业技能,这样才能让你立于不败之地。你应该为此制订合理的计划并坚持到底,这样才能在职场和商业活动中获得回报。

成功者不仅比常人抓住了更多的机会,同时他们还善于创造属于自己的机会。

首先要审时度势,分析自己的优缺点,给自己找准定位。

将自己的职业诉求或创业方向定位于你擅长而且钟爱的领域,时时关注客户的需求。一旦发现市场上有这种需求,就要从多个角度客观地进行分析,充分调动自己的创造性,寻找满足需求的方法,这一策略对于创业和求职都是适用的。你可能会因此想到更好更有效的完成方法,也可能会获得一种全新的服务创意。

接着便是想办法成为这一领域的行家里手。

如何在茫茫人海中脱颖而出?你需要保持积极进取的态度,把细节做到最好,乐于为别人提供帮助,愿意将你的经验与他人分享。要记得让自己的付出多于回报,不要斤斤计较,因为只有当你有创造社会价值的能力时,别人才会需要你。你可能会成为人们求教的对象,你将不再是默默无闻的小职员,通过努力你已经成为了上司眼里一个值得提拔的人才。如果你表现得够出色,在这一领域举足轻重的人将会注意到你。

最重要的是在工作中你必须保持不断地付出。无论你是主持一个免费的产业趋势论坛、撰写并发表免费文章,还是在各种产业活动中充当志愿者,只要是凭借你的能力做到最好的,你都是在以一种有意义的方式提高着自己的专业技能。当你在自己擅长的领域辛勤劳作时,将会收到双倍的功效,在成功完成任务的时候,你也会收到人们赞许的目光。

除了以上三点,要创造属于自己的机会,你还要具备以下十种素质:

1. 正确积极的心态:只有对自己负责的人,才能创造机会;

2. 冒险精神:你需要勇气去不断接受新的挑战;

3.自我认识:根据自己的价值观和专业技能,分析自己的强项和和短处。明确知道自己想要什么,朝着目标前进,而不是勉强自己应付工作;

4.创意和想象力:试着与孩子沟通交流,你会得到意想不到的惊喜;

5.知识和技能:除了专业技能,你还需要培养自我推销的能力;

6.分析思考能力:对各种机会进行分析,作出合理的决策;

7.主动性和创造性:主动接受任务,并在实施过程中不断创新工作方法;

8.灵活性:善于变通;

9.乐观:永远保持积极向上的心态;

10.坚持不懈:这是支持你一路走下去的精神原动力。

我们向往成功,就像唐僧西天取经一样,前面的道路崎岖而又漫长,途中荆棘丛生,艰难险阻重重。每个人都有他自己的一技之长,只要善于发挥长处,吸取别人身上的优点,去除自己身上的缺点,展示给别人自己最光鲜的一面,就一定能得到大家的认同。

◎ 我们要的是行动 ◎

你永远不可能拥有一个完美的计划,成功的关键在于:行动,马上行动!边行动边修正!除非你开始行动,否则你不可能取得成功。好的机缘绝不会亲自去登门拜访"坐着不动的人"。

有个人老是这么想:"怎样做我才能取得成功?"于是他向那些成功人士请教成功的经验。一天他遇到了上帝,欣喜若狂,立刻向上帝请教了这个问题,满心希望上帝给他一个满意的答案,但没想到上帝听完了他的问题后,这样回答他：“你居然有时间来问我如何追求成功？你为什么不马上去实现它呢？”

智者绝不会坐等成功来敲门，他们善于用自己的行动来实现目标，只有愚者才心存幻想，希望好运突然降临。你也勿需先变成一个"更好"的人或者彻底改变自己的生活态度，然后再去追求自己向往的目标，你需要先行动起来。

美国密执安大学教授卡尔·韦克曾经做过一个绝妙的实验：把六只蜜蜂与同样多只苍蝇各装进一个玻璃瓶中，然后将瓶子平放，让瓶底朝着有明亮光线的窗户。

这时，你会发现，蜜蜂不停地想在瓶子底找到出口。它们以为，瓶子的出口必然在光线最明亮的地方。它们不停地重复着这个合乎逻辑的行动，直到力气耗尽，继而倒毙或饿死。而苍蝇则会拼命地扑打翅膀，四处乱撞，在不到两分钟的时间里，就找到了出口——对着暗处的瓶口，逃逸一空。

对蜜蜂来说，玻璃是一种神秘之物，它们在自然界中还从未遇到过这种突然不可穿透的大气层，而它们的智力越高，就越显得无法接受、无法理解这种奇怪的障碍。事实上，正是由于蜜蜂对光亮的合乎逻辑的判断，正是由于它们的高智力，才导致了它们的灭亡。

而那些苍蝇则没受这种逻辑的束缚，它们四下乱飞，结果误打误撞地碰上了好运气得以逃出生天。这些头脑简单者总是在智者消亡的地方顺利得救，苍蝇最终发现那个正中下怀的出口，并因此获得自由与新生。

坚持不懈、试错、冒险、即兴发挥、迂回前进与随机应变等，所有这些都是成功者的特征！

在这个随时发生变化的世界里，混乱的行动也比有序的停滞要好得多。我们正在进入一个变化的时代，但每一个人应对变化的态度却迥然不同。

有一部分人选择了继续等待和观望，他们就是我们所说的落伍的一群；有一部分人则选择了缓慢的变革，他们发觉了变化，但是他们落在变化之后，每天忙于应对变化；还有一部分人选择了激进的跳跃式发展，他们追赶上了变化的

第8章 在行动中想办法

速度,并且超越了它,他们是"飙车"一族,并且善于在高速中拐弯,驶上另一条快车道;甚至还有一部分人选择了运动中成长,他们从不会停止自己的脚步,他们有时跟随变化,有时也超越变化,有时慢下来,有时快起来,有时表演"精彩的一跃",然后继续驶向目的地。

美国著名的心理学家、哲学家威廉·詹姆曾经说过:"我们只用了身体上和精神上的一小部分资源,有待开发的地方还很多。你内在的力量是独一无二的,只有你自己才知道自己能做什么,但除非你真的去做,否则连你也不知道自己能做什么。"

在美国的一个促销会上,某公司的一名经理要求与会者站起来,说:"诸位,请看看自己的座位下有什么东西。"结果,每个人都在自己的座椅下发现了钱。有的人捡到了5分硬币,而有的人拾到了100美元。"这些钱到谁手就是谁的了。但是,你们知道这是为什么吗?"所有人都摇了摇头。最后,这位资深经理一语道出自己的意图:"我无非是想告诉大家一个最容易被忽视甚至忘掉的道理——坐着不动是永远也赚不到钱的……"

看看吧,不论你是站着还是坐着,只要你举起双手,手总会比头高!这意味着,无论什么时候,行动是第一重要的。不管你想得多么好,说得多么妙,你都得行动起来!夸夸其谈,只能一事无成。

在生活中,我们经常会遇到这样的事:当看到别人在某方面获得成功时,我们会后悔万分地感叹,当初若是自己果断地去行动,也一定会取得同样的成功,甚至可能比别人做得更出色。财富通常与我们仅有一步之遥,只要我们果断地去行动,及时地"站起来",我们就可以抢先取得令人羡慕的成功。机缘绝不会亲自去登门拜访"坐着不动的人",这种人即使坐在价值连城的"金山"上,一辈子也发现不了。他们只能永远垂头丧气地仰望着一个个富人展翅高飞,注定永远与财富擦肩而过。很多人之所以取得成功,就是因为他们能果断地"站起来"。

人生不能
只做有把握的事

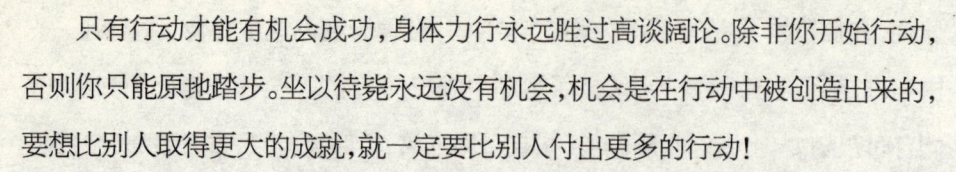

只有行动才能有机会成功,身体力行永远胜过高谈阔论。除非你开始行动,否则你只能原地踏步。坐以待毙永远没有机会,机会是在行动中被创造出来的,要想比别人取得更大的成就,就一定要比别人付出更多的行动!

当你找到自己喜欢做的事情之后,一定要采取行动,这会使你享受到乐趣。

第9章
有把握的事一般不叫机遇

果断是你人生的一张关键牌。面对机遇,犹豫者将一事无成,而果断者将成就伟业。做事不要瞻前顾后,否则将错失良机。成功者明白机遇的重要性,并且都在孜孜不倦地寻求着机遇,利用着机遇,不管顺境还是逆境。强者创造机会,弱者等待机会。懂得主动创造机会的人,才能赢得事业的成功。

◎ 用目标管理你的人生 ◎

如果你不知道自己要去向何方，那么无论你走到哪里结果都是一样的。目标，永远排在方法与技巧之前。目标意味着你的发展方向，没有或者失去目标，你将一事无成。

"小猫咪，"艾丽丝问，"你能告诉我，我应该走哪一条路吗？"

"在很大程度上，这要看你想去什么地方。"猫咪说。

"去哪儿我都无所谓。"艾丽丝说。

"那么，你走哪条路都可以。"猫咪说。

"只要能到达某个地方就可以了。艾丽丝补充道。

"啊，那只要你一直走下去，你就肯定可以到达那里的。"猫说。

以上这段对话是《艾丽丝漫游仙境》中的经典对白，它道出了一条普遍适用的真理——如果你不知道自己将要去向何方，那么无论你走到哪里都是一样的。目标，永远排在方法与技巧之前。当你准备出发时，就必须清楚，你的目的地在哪里。对于一艘盲目航行而没有目的地的船来说，任何方向的风都是逆风，即使再充足的马力也没有意义。如果你的汽车没有确定目的地，油箱再满也起不到任何作用。其实人也一样，目标意味着你的一切，没有或者失去目标，你将一事无成。

清晨，加利福尼亚海岸泛起了淡淡的薄雾。在西海岸的卡塔林纳岛上，一个名叫费劳伦丝·科德威克的34岁女人投入太平洋的怀抱，开始向加州海岸游去。如果成功，她将是第一个游过这个海峡的妇女。此前，她已经成功地游过了

第 9 章 有把握的事一般不叫机遇

不少海峡,并成为了第一位横渡英吉利海峡的妇女。

凌晨,她做好了游渡前的最后准备。尽管冷冰的海水冻得她浑身发麻,但她还是勇敢地划动海水,自信地向前游去,因为她相信,目的地就在彼岸。

时间一点一点地过去了,成千上万的人在电视机前关注着她。有好几次,鲨鱼险些靠近了她。她为自己加油,向着目的地游去。在这类渡海游泳中,她的最大问题不是疲劳,而是冰冷刺骨的水温。

15个小时过去了,她的身体冻得几乎发僵,但她依然在向前游着。然而,加州海岸的雾气变得越来越浓,并逐渐向着大海深处蔓延开去。由于雾很大,科德威克连护送自己的船只都几乎看不清楚。电视机前的观众和现场的人们开始发现,她好像有些犹豫,似乎不想再游下去了。

果然,很快她就对护送自己的船上的人呼叫,希望他们把她拉到船上去。她的母亲和教练就在那条船上,他们告诉她海岸已经非常近了,千万不要放弃。但是,她向加州海岸看过去,除了浓浓的大雾,她什么也看不到。她开始感到有些心慌意乱,有些力不从心。她勉强自己再坚持了几十分钟,终于发出了有些惶恐的呼救声!人们把她拉上了船,她在水里游了一共15小时零55分钟。当她在船上渐渐地感觉到温暖时,一股强烈的失败感袭上心头。

接受记者采访她时,她说:"说句心里话,我并不是在给自己找借口。但是,要是当时能看见海岸线,也许我能坚持下来。"因为上船时大家告诉她,她离加州海岸只有半英里远!后来,她说:"真正令我半途而废的不是疲劳,也不是寒冷,而是在浓雾中看不到目的地。我失去了目标,不知道它究竟有多远,它令我感到了一种没有尽头的恐惧。"

科德威克女士一生中只有这次没有坚持到底。两个月后,她重整旗鼓,成功地游过了这个海峡。她因此成了第一位横渡卡塔林纳海峡的女性,而且比男子的纪录还快了大约2个小时。

虽然费劳伦丝·科德威克女士是一位游泳高手,但是,在失去目标、不知道

183

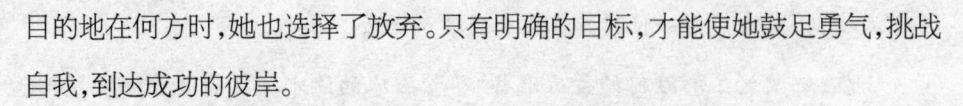

目的地在何方时,她也选择了放弃。只有明确的目标,才能使她鼓足勇气,挑战自我,到达成功的彼岸。

目标是前进中强大的动力,你人生的路能走多远走多长,就看你的目标和规划如何,因此在放大人生格局以后,你就应该动手去规划你的将来了。你应该用目标去管理你的人生,才不致迷失方向。

博恩·崔西说:"成功等于目标,其他一切都是这句话的注解。"所谓成功就是实现你的目标。

设定目标是一件需要花费时间仔细考虑的事情。下面所讲的设定目标的原则可以帮助你开始这样的规划:

1.具体的

这是指目标必须是清晰的、可产生行为导向的。许多人之所以到达不了自己梦想的人生境界和理想,关键原因是,他们的目标不够具体。比如,你的目标是"我要成为一个优秀的人",这就不是一个具体的目标;但"我要成为本年度最佳员工奖的获得者"就是一个具体的目标。

2.可衡量的

这是指目标必须能用指标进行量化表述。比如上面这个"我要成为本年度最佳员工奖的获得者"的目标,它就对应着许多需要量化的指标,如考勤率、业务量以及利润贡献等。再比如,有的人的目标是我要好好孝顺父母。这个可以衡量吗?不能。因为没有标准,无法计算。没有标准就没有足够的约束,很容易自我放弃。如果把这个目标分解成:要每天陪父母吃一顿饭,每月给父母3000元零花钱,每个季度带父母在国内旅游一次(最好把去的城市,乘哪种交通工具去等都写清楚),每年带父母去国外旅游一次……当你把这些都罗列出来,这个目标就是可衡量的了。

3.可达到的

这里包含有两层意思:一是目标应该在能力范围之内;二是目标应该有一

定的高度。一般人往往只注意前者,其实后者也相当重要。目标达不到的确会让人感到沮丧,但太容易达到的目标也会让人失去斗志。这和下面的原则有关联。

4.能带给你足够动力的

如果你设定的目标难以激发你的想象,将无法给你带来足够的动力,甚至不能驱动你的任何热情和行动,那么你实现目标的机会,将会变得比较渺茫。比如有人设定这样的目标:今年要买5双拖鞋和10双袜子,这样的目标能带给人动力吗?肯定不能。20岁时我给自己设定的目标是:要拥有一架私人飞机,成为行业冠军以及当选全国优秀企业家!当时我只要想到自己的目标就兴奋得睡不着觉,热血沸腾!正是这样的目标才能带给我们足够的动力去拼搏去努力。

记住,只有不可思议的目标,才能开创不可思议的结果。人因梦想而变得伟大,你的成就不会超越你的梦想。

5.基于时间的

你的目标要在何时完成,一定要写清楚,否则,就可能没有完成的那一天。一个没有明确期限的目标就等于是幻想。有人说:总有一天我会成功。这算什么目标?总有一天,是哪一天?是一个月的第30天,还是100年后的那一天?没有期限的目标等于零。有期限才有压力,有压力才能激发出潜能,没有压力怎么能够激发潜能?

万一时间到了没有做到,怎么办?可以顺延啊,再给个期限,总比没有期限好。当然,设定期限时要慎重考虑评估,最好争取一次完成。假如你设定了一个根本无法完成的期限,心想完不成再延后就行了,延后了还不能完成,再延后……这样做,和没有期限一个样。

安东尼·罗宾讲过:"没有不合理的目标,只有不合理的期限。"

每个目标都需要有酝酿期。当你把目标写下来有时候,就有实现的可能。有些是三个月内实现的,有些是三年后实现的,还有些可能是三十年才能实现的。因此,写目标时要分长期、中期和短期。这样就给目标留下了酝酿期。

6.丰富的

丰富是大自然的法则,设定的目标也应该遵循这个法则。在确立目标时,长远目标是你人生的终极意义,而拥有短期目标并实现它们,则是你快乐和成功的源泉。所以人生的目标应该是丰富的,不但有长期目标,还要有短期目标,既要涉及到事业也要涉及到生活的方方面面。因为不同的目标带来不同的能量。如果目标太单一,没有长短期的层次,那么目标一旦达成而又没有新的目标,能量也就消失了。

另一方面,人不是正在计划成功,就是正在计划失败;假如你没有一个快乐的计划,那么痛苦就会乘虚而入。一个快乐的计划应该是多元的、平衡的、全面的,而不是片面的、单一的。它至少应该要包括:健康、财务、家庭、旅游、顶尖人脉、学习、伙伴、社会贡献等八个方面,而其中每个方面又有长、中、短期目标。

◎ 该出手时就出手 ◎

世间最可悲的人,莫过于举棋不定、犹豫不决的人,机会在犹豫中溜走,而该出手时就出手才是制胜之道。

伟大人物往往都是决断的高手,即使面对突发事件,仍然镇定自若,该出手时就出手。而有些忧柔寡断之辈,他们不敢决定各种事件,因为他们怕犯错。有些人本领不差,人品也好,但因为寡断,他们的一生就给耽误了。练习敏捷、坚毅的决断,你会受益无穷。

该出手时不出手,就是怕犯错,而怕犯错,又是人们易犯的大错。犹豫不决

第9章 有把握的事一般不叫机遇

是避免责任与犯错的一种好方法,它有一个谬误的前提:不作决定,就不会犯错。犹豫不决的人通常有两种类型,第一种类型的人尽量不作太多的决定,而且尽可能拖延决定,他们做不了事情,因为他们根本没有行动。第二种类型的人习惯草率地作决定,但他们所作的决定大多不成熟,大多半途而废,他们时常在冲动与考虑欠妥的行动之间自找麻烦。

一头毛驴幸运地得到了两堆草料,然而这却毁了这可怜的家伙,它站在两堆草料中间,不知先吃哪一堆才好,就这样,守着近在嘴边的食物,这头毛驴竟活活饿死了。世间最可悲的,是那些遇事举棋不定、犹豫不决、不知所措的人;是那些自己没有主意,不敢抉择,依赖别人的人。这种没有自信的人,也难以得到别人的信任。

一份分析了2500名尝到败绩的人的研究报告显示,迟疑不决、该出手时不出手位居31种失败原因的榜首;而另一份分析数百名百万富翁的报告则显示,这其中每一个人都有迅速下定决心的个性,即使改变初衷也会重新再来。失败的人毫无例外地遇事迟疑不决、犹豫再三,即使是终于下了决心,也是拖泥带水、推三阻四,一点也不干脆利落,并且又习惯于朝令夕改,一日数变。

亨利·福特最醒目的个性之一,是迅速决定。这一个性出名到使他背上刚愎自用的骂名。就是这一个性使得他在所有顾问的反对下,仍一意孤行,继续制造他有名的T型车种(世界上最丑陋的车)。他的坚定不移为他赚得了巨额财富。

人会犹豫十之八九是因为有怕犯错的恐惧感。头脑好、有才气的人多半具有这种困扰。

如有位书读得不错的女孩,不知道该学医还是学声乐,为了给自己时间考虑好,就暂时做些杂工,并且一做就是5年,但仍决定不了。最后她读了医,白白浪费了5年时间。

恐惧、后悔、效率差都和缺乏决断力有直接关系。耗了大量的时间和精神去想到底该这么做,还是该那样做。整个人被这些事压得沉重了,人也变得郁闷无

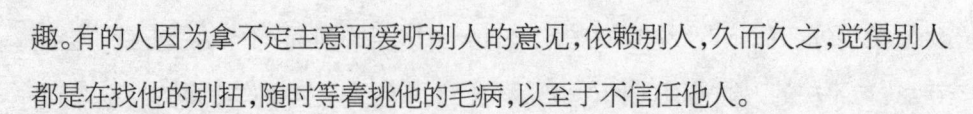

趣。有的人因为拿不定主意而爱听别人的意见，依赖别人，久而久之，觉得别人都是在找他的别扭，随时等着挑他的毛病，以至于不信任他人。

决断敏捷、该出手时就出手的人，即使判断错误，也不要紧。因为他对事业的推动作用，总比那些胆小狐疑、不敢冒险的人有力得多。站在河边不动的人，永远不会渡过河去。

如果你有寡断的倾向，应该立刻克服这个毛病，因为它足以破坏你各种进取的机会。在决定做一件事情以前，你应该综合了解各方面情况，运用全部的常识与理智，郑重考虑，一旦做出决定，就不要轻易反悔。

练习敏捷、坚毅的决断，你会受益无穷。届时，你不但要对自己有信心，而且也能得到别人的信任。敏捷、坚毅决断的力量，是一切力量中的中坚力量。要成就一番事业，必须学会该出手时就出手，使你的正确决断，稳定、坚固得像山岳一样，情感意气的波浪不能震荡它，别人的反对意见以及种种外界的侵袭都不能动摇它。

东晋名相谢安做事决策果断，从容不迫，处变不惊。

简文帝司马昱死了，孝武帝司马曜即位，早就觊觎皇位的大司马桓温，想趁此机会夺取皇位，便调兵遣将，炫耀武力。他率兵进驻新亭，而新亭就在京城近郊，地近江滨，依山而建，是军事及交通要地。桓温大兵自然引起了朝廷恐慌。

当时朝廷的重望之所在，是吏部尚书谢安和侍中王坦之二人。此时京城朝野议论纷纷，认为桓温不是要废黜幼主，就是要诛杀王、谢。听了众人的议论，王坦之坐立不安，而谢安则不以为忧，表情神色一如平常。实际上，谢安曾经担任征西大将军桓温的司马，桓温十分了解他的才能，明白谢安是他篡权的最大障碍。桓温此来确是想借机杀掉王坦之和谢安。不久，他派人传话：要王坦之和谢安两人去新亭见他。

王坦之接到桓温的通知后不知如何是好，就去找谢安商量："桓将军这次带兵前来，我们恐是凶多吉少。现在又要我们两人去新亭见他，恐怕是有去无回，

第9章 有把握的事一般不叫机遇

如何是好?"谢安却神色安详地笑道:"你我同受国家俸禄,当为国效力。晋室江山的存亡,就看我们这一回的作为了!"说完,谢安牵着王坦之的手一起出门,直奔新亭,许多朝廷官员也相随同去。

一走进桓温布置严密的大营,几位稍有声望的官员,脸都变了色,唯恐得罪桓温,马上远远地向桓温叩拜。王坦之也吓出一身冷汗。他勉强移着脚步战战兢兢走到桓温面前,向他行礼,慌乱中竟然把手笏都拿倒了。只有谢安神态自若。他稳步走到桓温面前,不卑不亢地说:"明公别来无恙?"桓温虽然知道谢安是个不同寻常的人物,但未料到他居然能如此镇定,自己反倒有些吃惊了,连连说:"好,好,谢大人请坐,请坐。"

谢安从容就座。这时,王坦之等人惊魂未定,浑身还在哆嗦。谢安在席间说东道西,谈笑自如,所讲之事,言之凿凿,滴水不漏,桓温和他的谋士们找不到岔子,无法下杀手。而谢安却在闲谈时观察左右,早已发现壁后埋伏着武士。他认为已经到了应该说破的时机,便转身笑着对桓温说:"我听人讲:'诸侯有道,守在四邻(意思是说如果诸侯有道德的话,那么四邻都会帮你防守,是用不着自己到处设防的)。'明公又何须在壁后藏人呢?"

这对桓温是极大的讽刺,他显得极为尴尬,忙说:"这是军中习惯,恐怕有突发事变,不得不如此啊!既然谢大人这么说,就赶快撤走吧!"

谢安又和桓温谈笑了半天,他风度翩翩,安详稳重,使桓温始终找不到机会加害于他。而王坦之却一直一言不发,呆若木鸡,待和谢安一同回建康时,冷汗已湿透了里衣。王坦之与谢安两人本来在治国、为人等方面都是齐名的,但经过这次风波,两人的高下便分出来了。

后来谢安又果断采取了拖延策略使桓温的篡位阴谋未能得逞。谢安做事从容果断,履险若夷,曾以八万之众击破前秦近百万大军,又在不动声色中挫败了桓温的阴谋,屡安晋室。

世间没有绝对完美的事,"万事俱备"只不过是"永远不可能做到"的代名词。一旦愚蠢地去满足"万事俱备"这一先行条件,不但辛苦加倍,还会让灵感失去应有的乐趣。以所谓周密的思考来掩饰自己的不行动,甚至比一时冲动还要错误。很多时候,若立即进入工作的主题,你会惊讶地发现,如果拿浪费在"万事俱备"上的时间全力去处理手中的工作,往往绰绰有余。而且,很多事情你若立即动手去做,就会感到快乐、有趣,成功几率倍增。

马上去做,是现代成功人士的做事理念,任何静态的规划和蓝图都不能保证你成功。很多企业家之所以取得今天的成就,不是事先规划出来的,而是在一步一步行动中经过不断调整实践出来的。任何规划都有缺陷,纸上规划的东西与实际总是有距离的,规划可以在执行中调整、修改,但关键是要马上去做!根据你的目标马上行动起来,不去行动,再好的计划也是白日梦。现在就动手吧!

◎ 果断是你人生的关键牌 ◎

> 果断是你人生的一张关键牌,你是否具备果断的素质,与你的人生之路上是否可以减少坎坷、获得成功有着密切的关系。

生活中我们常常有这样的感觉:每天都在重复着同样的生活,就连每天升起的太阳都是一成不变的。可也有人说,太阳每天都是新的。

你是什么感觉呢?你是感觉每天都是一个新的开始,还是觉得每天都是前一天的重复呢?事实是,你的心理决定了你对自己乃至社会、自然的认识,如果你的心理带有一些阴暗或是沉重的东西,那么你就会觉得生活缺乏生机。可是如果你的心理是明朗的、积极的、轻松的,那么你就会在每天开始时候,感觉到你又将度过崭新的一天。

当然,生活总是给我们许多的不如意。但是,你要想到,你未来的路还很长,不论你从事什么职业,如何生活,你都要想到,这是在为自己而做。你要让自己接近任何能引起你兴趣的东西,就像植物生长始终朝向阳光以及有滋养的一面一样。没有必要总是沉浸在过去的事情里,如果过去的事情给你的人生留下了阴影,你可以将它们锁进记忆的保险箱里,并且丢掉钥匙,永远都不要去开启它。

西点军校一位军官曾说:"果断,是指一个人能适时地作出经过深思熟虑的决定,并且彻底地实行这一决定,在行动上没有任何不必要的踌躇和疑虑。"果断是成大事者成功的资本积累之一。果断的个性,能使我们在遇到暂时的困难时,克服不必要的犹豫和顾虑,勇往直前。

面对困难,有的人左顾右盼,顾虑重重,表面看起来思虑全面,实际上渺无头绪,这不但分散了同困难作斗争的精力,还会消耗同困难作斗争的勇气。果断的个性在这种情况下的表现是,沿着明确的思想轨道,摆脱复杂动机的冲突,克服犹豫和动摇,坚定地采纳在深思熟虑基础上拟定的克服困难的各种方法,并立即行动起来同困难作斗争并克服困难,以取得最大效果。

在执行工作和学习计划的过程中,果断的个性将帮助我们克服和排除同计划相对立的思想和动机,保证将计划执行到底,善始善终。思想上的冲突和精力上的分散,是优柔寡断的人的重要特征。这种人没有克服内心矛盾的思想和情感上的力量,在行动中,尤其是在碰到困难时,往往怀疑自己所作决定的正确性,担心决定本身的后果和实现决定的结果,长时间地苦恼着怎么办,只往坏的方面想,犹犹豫豫,因而计划老是执行不成功。而果断的个性,可以帮助我们坚定有力地排除上述这种胆小怕事、顾虑过多的庸人自扰,将自己的思想和精力集中于执行计划本身,从而加强了自己执行计划、实现计划的能力。

果断的个性,可以帮我们在形势突然变化的情况下,迅速地分析形势,当机立断,不失时机地对计划、方法、策略等做出正确的调整,使其能迅速地适应变化了的情况。而优柔寡断者,一旦形势发生剧烈变化,就惊慌失措,无所适从。他们不能及时根据变化了的情况重新作出决策，而是等待、观望，以致坐失良机，常常被飞速发展的情势远远抛在身后。

可见，无论是领导者，还是普通劳动者，无论是对于工作，还是对于生活和学习，果断的个性都是必需的。果断的个性，综合了勇敢、大胆、坚定和顽强等多种意志素质。果断的个性，是在克服优柔寡断的过程中不断增强的。

人类有发达的大脑，行动具有目的性、计划性，但事前过多的考虑，往往使人们犹豫不决，陷入优柔寡断的地步。许多人在采取决定时，常常无休止地纠缠于细节问题，陷入束手无策和茫然不知所措的境地，这就是事前思虑过多的缘故。当然大事情是需要深思熟虑的，然而生活中真正称得上大事的并不多。事前多想固然重要，但"多谋"还要"善断"，要丢掉在事前追求"万全之策"的想法。

实践中，事前追求百分之百把握的人，结果却常常是连一个真正有把握的办法也拿不出来。果断的人在采取决定时不可能会有什么"万全之策"，只不过是诸方案中较好的一个。但是在执行过程中，他可以依据变化的情况随时对原方案进行调整和补充，从而逐步完善原来的方案。"万事开头难"，许多事情真正下决心干起来后，自然就顺了。

果断的个性，要从干脆利落、斩钉截铁的日常行为习惯中养成。否则，连日常的生活琐事也是拖泥带水，又怎么能够培养出果断的性格来呢？

果断不是一时的冲动，它必须贯穿于三个环节（确定目的、计划和执行）。在确定目的的时候，还需要同各种动机进行斗争，这时果断表现为能够排除与目的相反的意向，抑制错误的动机，保证作出正确的决断。

要果断，还必须经常地排除各种内外部的干扰。在决断作出后，还会有许多因素动摇我们的决心，如舆论、压力、困难、诱惑等。周围人们的品头论足、来自四面八方的各种压力都有可能使我们已经作出决定发生动摇。在执行决断时排除内外干扰的果断性，有时甚至比果断地确定目标还要难。因此，在执行决定时应当特别注意果断性的培养。要养成决心既下就不轻易动摇的习惯，不要让一些本

第9章 有把握的事一般不叫机遇

来微不足道的因素弄得手足无措，干扰我们的决心。

果断的个性，是在克服胆怯和懦弱的过程中练成的。果断要以果敢为基础，特别是在情况紧急下，要求人们当机立断，迅速地完成决定并且执行决定。比如在军事行动中就需要这样，因为战机瞬息万变，要抓住战机就必须果断。大方向确定了，有七分把握，就要果断地下定决心。

果断并不等于轻率。果断就是决定问题快，这是错误的看法。实际上，对于行动的方法和结果未加足够的考虑就仓促地决定，这不是果断，而是轻率、冲动和冒失，是意志不坚强的表现，这可以在优柔寡断的人身上观察到。因为深思熟虑对于一个优柔寡断的人来说，是一个复杂而痛苦的过程，所以总想从其中尽快解脱出来，他的行动特点是仓促、急躁、莽撞的。果断的人迅速作出的决定，和意志薄弱的人仓促作出的决定毫无共同之处可言。

必须把果断和武断加以区分。有的人刚愎自用，遇到事情既不调查研究，也不深思熟虑，就贸然定下来，自以为是。表面看，好像很果断，可实际上却同果断南辕北辙。果断绝不排斥深思熟虑和虚心听取别人的意见，正是因为多想、多问、多讨论，才使人们对事情更有把握，从而更加果断。那些自以为是、主观武断的人，徒有果断的外表，并无果断的实质。

约翰逊博士说："当你站在那儿，谨慎地考虑你的孩子应该首先读哪本书时，说不定别的孩子已经把两本书都读完了。"

在作出决定时总是要寻求别人的帮助，这比懦弱无能更加糟糕。每个人必须训练自己养成这样的习惯，即紧急关头依靠自己的勇气和决断力。也就是要立即选择最明智的做法和计划，而放弃其他所有可能的行动方案。拿破仑一度雄霸欧洲，他之所以惨败滑铁卢，原因之一就是他没有快速地作出决断，而此前他总能在危急关头当机立断地迅速作出选择而牺牲其他的一些方面，从而化险为夷。

从容果断不仅意味着临危不乱、当机立断，还意味着辩证取舍。鱼与熊掌不可兼得，是舍鱼还是舍熊掌，必须果断地作出决策。一个人只有明辨取舍，才能有所为有所不为。

"有所不为"的人,方能大有作为。每一位渴求成功的人,尤其是处于创业阶段的青年,务必时时提醒自己,不要滥铺摊子,四处出击,而应当像锥子那样,钻其一点,让自己在某一方面展示出自己的特长,这样才能赢得成功。那些自认为多才多艺、精力超群的人,最终将一事无成。

任何有所为的人,都不是在一切领域都能成功的。除了极少数异于常人的天才能同时在几个领域获得成功外,多数人,即使是才能过人的智者,也不可能样样都精通。

从无数成功者身上,我们发现一个共同的事实:他们几乎都是从自己的兴趣、特长起步,明确自己的主攻目标,果断进行自己的战略决策,集中"优势兵力",再"缩小包围圈",一步步向目标逼近,终有所成。

任何时候都懂得取与舍的辩证关系,有所为有所不为。德国哲学家黑格尔的体会非常实在:"一个志在有大成就的人,他必须……知道限制自己。反之,那些什么事情都想做的人,其实什么事都不能做,而终归于失败。他必须专注于一事,而不可分散他的精力于多方面。"

◎ 像雄狮一样果断,抓住机遇 ◎

人生莫不如此,左右为难的情形会时常出现,但若一味地权衡利弊,不能当机立断,你可能会失去更多。人应该学会像雄狮一样果断地扑向猎物,只有这样才能抓住机会!

很多人做事前思后想,犹豫不决,不敢冒任何风险,最终一事无成。他们害怕失败的风险，不敢去尝试；害怕自己做不到，不敢去超越，成为了丧失行动力的奴隶。在他们被犹豫不决的绳索捆绑时，别人已经果断地作出决定，抓住机会获得了成功。而有胆量、有勇气的成功者，才能成就精彩的人生。

一对兄弟从一家小杂货店起家，奋斗到现在筑起了令人惊羡的财富大厦，其事业之所以如此成功很大程度上取决于他们的多谋善断。在发展完善公司零售网络的同时，他们还十分关注业内外零售商的动态，揣摩同行的动机，了解对手的强项和弱点，以便及时调整自己的市场策略。为做大做强折扣零售业务，他们果断地采取了一系列措施：全球采购、大批量厂家订货、买断和控制厂商货源、与厂商建立产销联盟、委托厂商代加工、自产自销等。这些策略砍掉了原有的中间环节，使推出的商品价格最具竞争力，对业内同行造成相当的压力。当观察到位于市郊的仓储商店虽然价位较低，但交通不便，有的还要收取会费或批量采购的时候，他们就将其改良成浓缩型仓储超市，并果断地把家庭日用品比重提高到20%以上，而且使商店分布位置更加合理，便于居民就近零星采购。

正是兄弟俩思虑深远、果敢决策的能力，使得业务扩张范围逐渐超出居民社区，已成为当地折扣零售业的霸主。只有果断的勇者，才能在机会出现的时候迅速抓住机会，作出决策，最终获得成功。高手过招，勇者胜。只有勇敢果断的人，才会更好地发挥自己的智慧和利用难得的机遇。所以，同样是面对机遇，犹豫者碌碌无为，而果断者成就宏伟大业。

美国保险巨子克莱门提·史东的事业蒸蒸日上的时候，恰逢美国经济大萧条，许多工商企业倒闭，人们都没多余的钱去史东的保险公司投保了。面对困境史东毫不退缩，坚信只要以信心和乐观的精神来应付，一定能渡过难关。经营不善的宾西法尼亚伤亡保险公司停业，而且愿意以160万美元出售。得到这个消息，史东果断地决定乘此良机买下该公司，但他没有足够的资金，然而他对自己说：现在就做！

经过洽谈，史东借钱买下了这家伤亡保险公司，多年苦心经营后，终于发展成为今日的美国混合保险公司,而史东本人也跻身美国十大富豪之列。正是由于决断的作风和执行的果敢使得史东获得了事业的飞跃。

所以,一个优秀的人,一定要善于果断地处理身边的事情,因为犹豫不决等于丧失了已经把握的机会,丧失了机会就是跟成功失之交臂!世间最可悲的人是犹豫不决的人,有时犹豫不决甚至比鲁莽更糟糕。许多人失败的原因,不是因为能力缺乏,而是不善于果断地处理问题。

有的人虽然才能出众,却优柔寡断,在选择和机遇面前犹豫徘徊,这是人生的悲剧。当今社会拥有出类拔萃的能力的人成千上万,却大多因缺乏果断的个性而沦为平庸之辈。要明白,在任何情况下,不能信心百倍地做出自己的决断都将是一个巨大的损失。

一位哲人说过,人的双脚不可能同时跨入同一条河里。世界的一切,每时每刻都在变,尽管你可能并没有意识到,但是事实上,我们所面对的世界,每一分每一秒都是崭新的。早晨起来的时候,我们会说:"这是一个崭新的早晨!"更通俗的说法是:"这个早晨真新鲜!"没错,早晨是新鲜的,因为整个一天就要从早晨开始了,这是一个新鲜的开始。你的每一天与其他人一样,当世界经过一个夜晚的悄然沉睡后,一切又都重新开始了。当你早晨起床面对朝阳的时候,你应该在心里这样告诉自己:"属于我的新的一天开始了!"

是的,属于你的新的一天,你要去做一些事情,帮助自己让别人来认识你、发现你。做你自己的主宰,用一种全新的意识与心态面对这即将开始的一天,给自己一个新鲜的开始,你会感觉世界是如此美好,自己是如此快乐,而你生活的意义,又是那么让你满意而愉悦。也正因如此,你的人生价值也就因你的新鲜而得到了提高。

所以,当你在这一天早晨,伸手拉开了窗帘,那么,你的新的一天就将从这里开始,你的新的生命也将会从这时开启。所以,果断地去干你所想干的事,不要犹豫,就是你今天应该做的最重要的事情。

第 9 章 有把握的事一般不叫机遇

切勿瞻前顾后,否则你将失去一次良好的机会。爱拼才会赢,假如你决定了要干一件事,那么就将过去的一切都统统抛弃,果断地迈出你崭新的第一步。

威廉·沃特说:"如果一个人徘徊于两件事之间,对自己先做哪一件犹豫不决,他将会一件都做不成。如果一个人原本做了决定,但在听到朋友的反对意见时举棋不定,那么,这样的人肯定是个性软弱、没有主见的人,他在任何事情上都将一无所成,无论是举足轻重的大事还是微不足道的小事,无一例外。"

智者说:"使一个人形成果断决策的个性,是生命成长中道德和意志训练方面最重要的工作。"古罗马诗人卢坎精彩地描写了一种具有恺撒式坚忍不拔精神的人——这种人首先会聪明地请教别人,并与别人进行商议,然后果断地决策,再以决不妥协的勇气来执行他的决策和意志,他从来不会被那些使得小人物们愁眉苦脸、望而却步的困难所吓倒。而实际上,也只有这种果敢的人才能获得最后的成功,而且在任何一个行业里都会显得出类拔萃。

人生莫不如此,左右为难的情形会时常出现,为了得到这些,必须放弃那些。如果不能当机立断,你可能失去更多。若一味地权衡利弊,患得患失,到头来将两手空空,一无所得。所以,人应学会像雄狮一样果断地扑向猎物,只有这样才能抓住机会!

◎ 机遇是通向成功的捷径 ◎

为什么人们都喜欢机遇,就是因为机遇有利于我们通向成功,它是通向成功的捷径。许多成功人士就是凭借自己敏锐的判断力抓住机遇,最终获得成功。

抓住机遇就意味着能成功地起航,是创造奇迹的开始。每个人成功的具体方式不尽相同,但每个人成功的道理却是相通的,那就是他们都明白机遇的重要性,并且孜孜不倦地寻求着机遇,利用着机遇,无论顺境还是逆境。

有位记者曾采访过老演员查尔斯·科伯恩。记者最后提了一个很普通的问题:"一个人如果要想在生活中成大事,需要的是什么?大脑,精力,还是教育?"

查尔斯·科伯恩摇摇头说:"这些东西都可以帮助你成大事,但是我觉得有一样东西甚至更为重要,那就是看准机遇。"

这位老演员说的是正确的。如果你能够学会在机遇来临时识别它,在机遇溜走之前就采取行动抓住它,那么你就可以成就一番大的事业。

所谓机遇,主要指良好的、有利的机会。人们经常说的"千载难逢"、"天赐良机",指的就是这种机会。像在野外旅游拾到了金子,采药时发现了灵芝,这些都是机遇。抓住机遇就意味着成功的起航、奇迹的开始,许多成功人士就是凭借自己敏锐的判断力抓住那些稍纵即逝的机会,创造了一个又一个的奇迹。

19世纪60年代是日本历史上的动荡年代,也是困难与机遇并存的年代。大多数的人稍不如意就喜欢把原因归结到时代的错误上,山田正夫却不一样,他从不感叹生不逢时或者时运不济,一些在别人看来微不足道的机会,他却像猎鹰一样目光如炬,从不轻易放过。

在德川幕府时代后期,政府对货币市场的管理非常严格。包括铸造金币及小面额金币、银币等在内的鉴定回收工作,主要由被称为"金座",即类似今天的"造币局"一类的组织负责。尽管山田正夫收购旧金币、银币都是与"金座"里的办事人员打过交道,但从未见过高层官员。

有一天,"金座"的主管却亲自派使者直接召见山田正夫,在当时,他还只是一个小小的银两兑换商。凭自己的敏锐直觉山田正夫意识到,发财的黄金机会来了,他岂能轻易放过?

"我听'金座'里的人汇报说你回收的数量很可观,想来你的工作效率一定很高,所以希望你能多为幕府出点力。""金座"主管打量着他,"我们希望在你原有的

第9章 有把握的事一般不叫机遇

基础之上,再以更大的规模鉴定、回收旧币。""金座"主管平静地说。

"能为'金座'和幕府效力深感荣幸。我自己一直致力于扩大回收业务,只是我目前很难再扩大了。"山田诚惶诚恐,如实回答说:"目前我的商店规模已经达到了资金允许的最大限度了。所以,对这件事,我恐怕很难做到。"

"你不就是资金周转环节受到限制吗?这没有问题。你现在告诉我如果再扩大业务量的话,你还需要多少资金?"主管长出一口气,轻松地说。

山田稍加思索,谨慎地回答说:"要是再扩大的话,我估计还需要3000两银子。"

"这不是问题,我可以借给你5000两作为周转资金。""金座"主管慷慨地说。

果然,第二天,"金座"主管就派人送来了5000两现银。有了雄厚资金的支持,山田正夫决定大展拳脚,实现自己多年的梦想。他迅速雇了几个伙计,重新建造厂房并购置了先进的设备,开始大规模地回收各种旧型货币,很快就成了一位大阪人人皆知的大型银两兑换商。

山田正夫的事业从此平步青云、蒸蒸日上。他平均一年就能赚到7200两白银。赚钱的速度如此之快,是山田正夫从来没有经历过的,却正是他梦寐以求的,他没有想到一个小小的机会竟然会带给他如此丰厚的回报。

芝加哥商人艾伦也是一个能够在不同的处境中觅得机会力挽狂澜的人。他总结自己的经验说:"我的成功是因为善于发现机遇,并且在机遇面前毫不手软。"

艾伦的经商才华很早就显露了出来。17岁时他在密执安州的一家杂货店找到一份工作,干得非常称职,以至于不久便主管起店里的全部事务。内战结束时,艾伦又转到芝加哥的马歇尔·菲尔德百货商店,他干得还是那么出色,令人不得不佩服他的才华。应该说艾伦的这些复杂经历为他以后的零售生涯积攒了非常宝贵的经验,对他未来的成功大有裨益。另外,他还有意游遍西部乡村,与当地居民交谈,从而发现了一个重要事实:居住在大城市以外的人们对需要购买的东西品种少、价格高感到不满!这种情况在乡村地区,尤其是农场地区的商店中普遍存在。

艾伦敏感的意识到这是一个难得的商机！抓住了这个机会就可能改变自己甚至是一个产业的命运！

为此，艾伦决定建立第一家大型函购公司，以解决农村居民的购买商品问题。然而一场天灾差点儿使他的计划成为泡影：他平时省吃俭用的积蓄在芝加哥发生的一场大火中化为灰烬。

艾伦没有气馁，他四处奔走，积极地寻找合作人。"功夫不负有心人"，最终他的内弟答应做他的合伙人。由于经济的拮据，他们只能将业务总部设在芝加哥一个马车行的草料棚里，从那里出版了世界上的第一批"目录表"，那是一页罗列着以非常低廉的价格出售各类商品的名称的一览表。

在这种全新经营理念的支配下，公司开张第一年便生意兴隆，在全美具有了一定的知名度。后来，公司与一个大型的农场主组织签订了供应合同，这成了公司在发展道路上一个重要的转折点。

该组织在美国的影响非常大，能与其签约本身就是一种巨大的荣誉。艾伦广泛地向人们宣传这一事实，不用说，它给艾伦的公司带来了大量的订单，公司的业务蒸蒸日上。

公司原先只有一页的目录表骤增到240页，涵盖了1万余种商品。后来政府建立了乡村免税邮递制度，艾伦的公司因此得到了更进一步的发展。

艾伦不失时机地抓住这一难得的机遇，大力发展函购业务，使得公司的经济实力发生了翻天覆地的变化，一跃成为全美知名公司。

高尔基说："天文学家和物理学家，不一定要懂地质学和医学；火车头和桥梁的建造者也不必懂得人类学或动物学。"德国诗人歌德形象地说："一个人不能同时骑两匹马，骑上这匹，就要丢掉那匹。"

人的精力、时间总是有限的，生命也是有限的，我们只有开发好自己的潜力，科学地管理好自己的精力，把有限的精力专注于某一项工作，才能取得突破，获得成功。

◎ 与其消极等待,不如主动创造 ◎

一个人要取得成功,就要善于抓住机会,不仅要抓住自己身边的机会,更要主动给自己创造机会,学会抓住那些原本不属于自己的或者是原本跟自己无缘的机会。

强者创造机会,弱者等待机会。懂得主动创造机会的人,才能迅速赢得工作、事业、人生上的成功。

从穷困潦倒、一无所有,到轰动上海拆迁界的亿万富豪,黄焕就是用主动创造机遇的方法缔造了自己的财富传奇。18年前,黄焕仅以5分之差与大学失之交臂,只得回到重庆云阳偏僻的穷山沟务农。不久,他用借来的100多元钱,开始了闯荡。他打过小工、做过小贩,吃了很多苦,后来干起了旧房拆迁工作。当时,上海城市建设风风火火,旧城改造的步伐不断加快。但是旧房拆迁危险性大,很多人不愿意干这一行,黄焕看出旧房拆迁利润空间大,主动把握了这个机遇,和几名老乡成立了一个旧房拆迁工程队。

由于黄焕诚实守信、要价较低、信誉好,很快,他的工程队就在上海旧房拆迁界崭露头角。从旧房拆迁队成立伊始,黄焕就一直主动创造生意机会,积极承接拆迁工程。他曾承担了上海拆房界无人敢接的"全国第一高楼"的拆迁任务。传统的爆破拆迁办法已无法派上用场。在很多建筑工程师都一筹莫展时,黄焕大胆地采用了日本东京曾经实施过的一种拆迁办法,短短3个月内就全部完工,轰动了整个上海滩建筑界。从此,他的机会滚滚而来。如今黄焕已拥有了上亿元资产。

　　这个故事告诉我们：不去做，就永远都没有机会！不要以为机会就像一个客人，每次都会走到你门前敲门，等待你把他迎接进来。消极地等待太盲目，徒然浪费生命。机会的降临伴随有一个过程，它会以不同的形式出现，有时候是希望的曙光，有时候却是无尽的阴霾。然而很多人没有睁开发现和创造的眼睛，只是一味消极等待希望的曙光，却不懂得怎么从平凡甚至是危机中发现并创造机会。

　　强者创造机会，弱者坐待机会。其实生活中也是如此，机会是等不来的，我们必须靠平时的勤奋经营和努力创造才能获得它；机会也是平等的，关键看你是否善于去寻求，并且将它变成人生的垫脚石。

　　积极等待，是指做了一切应做的事前准备后，时刻观察有利条件的出现，也就是说，在付出了必须的劳动之后，在做出所能做的准备之后，耐心地注视事态发展。就像雄狮捕食时，做好攻击的准备，静观其变，等待最佳的捕猎时机，然后出其不意猛扑过去，以迅雷不及掩耳之势攻击猎物的要害，最终成功得到丰盛的食物。

　　蜘蛛张开了网，坐等飞虫撞入它的网，然后再采取行动。这样，蜘蛛也许可以勉强生存，却经常会食不果腹。因为它的成功建立在飞虫的失误上，可以说这是一种消极等待。

　　有太多的人和蜘蛛有着类似的生存方式，他们从不去主动寻找机遇创造机遇，只是从别人的偶然失误中获得微小的利益。所以，你应该做一头积极创造机会的雄狮，而非一只消极等着飞虫的蜘蛛。

　　每个人都明白，机会对人生事业的成功有着很大的促进作用。有时候一个偶然的机会就会让你走上康庄大道，从此平步青云，财源滚滚。很多人经常感叹命运的不公：为什么别人有那么好的机会而自己却没有，这类人从不从自身找原因，而只是怨天尤人，他们从没意识到，机遇是自己去创造和把握的。

　　那么，如何才能创造条件，让成功的大门更快地为你敞开呢？

第9章 有把握的事一般不叫机遇

学会创造机会并抓住机会,只是成功的第一步;要想真正走向成功,还必须有一个明确方向并坚持下去。如果创造了机会却不能抓住它实现应有的价值,那么这个机会对你来说也是没有任何意义的。只有坚定地抓住它,让机会引领你走向目标,在此过程中不轻言放弃,那么终有一天你会推开成功的大门。记住,要像雄狮一样,去创造条件发现猎物,然后牢牢锁住猎物的咽喉,这样你才能得到你的"猎物"!

伟大的成功者在机会降临时,总是愿意放胆一试。在人的一生中,在某些时候我们必须采取积极的行动,大胆去尝试,唯有如此,才有机会取得成功。

在全球经济大萧条最严重时,多伦多年轻的艺术家哈默精于木炭画,但时局实在太糟了,没有人买他的画,他全家靠救济过日子,那段时间他急需用钱。怎样才能发挥自己的才能呢?在那种艰苦的日子里,有谁愿意买一个无名小卒的画呢?

他可以画他的邻居和朋友,但他们也同样身无分文。唯一可能的市场是在有钱人那里,但谁是有钱人呢?如何才能接近他们呢?

苦苦思索之后,他来到《环球邮政》报社资料室,从那里借了一份画册,其中有加拿大的一家银行总裁的肖像。他回家便开始画起来。

画完了像,把它放在相框里。画得不错,对此他很自信。但怎样才能交给对方呢?

他没有商界朋友,所以找人引荐是不可能的;如果贸然与那位总裁约会,肯定会被拒绝;给他写信,他也知道,这种信可能通不过这位大人物的秘书那一关。这位年轻的艺术家对人性还是略知一二的,他知道,要想穿过总裁周围的层层阻挡,必须另辟蹊径。

他决定大着胆子采用独特的方法去试一试,即使失败也比主动放弃强。

他穿上最好的衣服,来到了总裁的办公室并要求见面,但秘书告诉他:没有预约,想见总裁不太可能。

"真糟糕,"年轻的艺术家说,同时把画的保护纸揭开,"我只是想把这个拿给他瞧瞧。"秘书把画接了过去,说道:"坐下吧,我就回来。"

不一会儿,秘书回来了。"总裁想见你。"她说。

当艺术家进去时,总裁正在欣赏那幅画。"你画得棒极了!"结果,这幅画卖了个好价钱。

许多人之所以取得成功,就是因为他们敢想敢做。与其什么都不做而失败,不如尝试了再失败,不战而败是一种极其怯懦的行为。哈默成功的事实告诉我们只要敢想、敢做、敢于尝试,就能取得成功。

◎ 坚持不懈,你才能转危为安 ◎

> 柔弱的水滴能够滴穿坚硬的石块,是因为它坚持不懈地昼夜滴坠,坚持不懈不仅能助你赢取成功,也能将危机转化。

在职场中,我们会遇到各种各样的难题,或是降薪离职,或是人际关系亮红灯,或是信用危机、债务缠身等,无论是什么危机,也无论有多少危机其实都没关系,重要的是我们如何去面对危机,用什么心态去对待它,是怨天尤人、自暴自弃,还是乐观面对、坚持不懈?

美国著名电影明星帕特·奥布瑞恩以前只是一个不知名话的剧演员。一次他兴致勃勃地参加了一部叫《向上,向上》的话剧表演,本来以为这次演出能收到很好的效果,可是观众似乎不感兴趣。随着观众的逐渐减少,表演也不得不挪到一个小小的剧院进行,演员们的薪水也越来越少。负面情绪开始在剧团里蔓延开来,演员们感到前途一片渺茫,表演也不再像以前那样精彩。

第9章 有把握的事一般不叫机遇

而帕特却从未懈怠过，多年的演艺素养让他养成了全身心投入表演的习惯，即使观众再少，他也会表演得相当兴奋。处于危机中却从不放弃的帕特终于闪出了耀眼的光芒。就在他一次投入的表演后，著名导演刘易斯·米尔斯顿看中了他，并邀请他参与电影《扉页》的拍摄。后来米尔斯顿回忆说帕特的表演非常投入，尤其是帕特在桌边与人吵架的那一幕给他留下了深刻的印象。从那时起，帕特进入了公众的视野，并为越来越多的人所喜爱。

观众少，表演得不到认可，薪水少，生活比较艰辛，小小的话剧演员前途渺茫，这是帕特当时遇到的情况。但面对这样的困境他并没有放弃，更没有惧怕甚至是退却，而是不断要求自己上进，为自己的成功做准备。机会降临了，而这也仅仅是留给像帕特这样有准备的人。所以陷入困境时为何不利用它提高自己的水平呢？抱怨和消沉只会让你的情况变得更加糟糕。

遇到逆境或遭受危机时，心态是最重要的。一位哲学家曾经说过：先承受逆境，由此培养内在定力，再坚持原则，越挫越勇，坦然微笑向前进。

工作对于维持生计是非常重要的，人们需要从工作中得到满足，包括物质满足、精神满足、安全满足以及获得认同的满足。但在经济变革的当下，随着失业的压力日益增大，人们的情绪普遍变得低落，由此产生了大量的负面情绪，影响了人们的身心健康。

遇到这种情况，心态最重要。失业了，"没关系，我正好准备跳槽呢。"找不到新的工作，"没关系，刚好有个机会休假。"我们要学会转换思路，争取利用这段闲暇的时间充实自己，参加技能培训，提高自己的生存能力。还可以做一些以前没时间做的事情，如看一本好书，出去旅行一下。社会节奏这么快，这时刚好可以让我们停下来放松一下身心。

1976年吴灿坤作出了一个改变他一生的重大决定。他用多年的积蓄在台南市设立了晋昌企业。

经过两年发展，晋昌逐渐稳定下来，但一个晴天霹雳几乎击垮了他。原来大

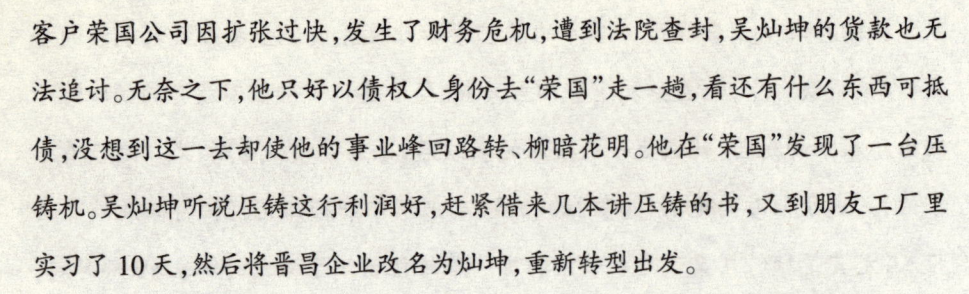

客户荣国公司因扩张过快，发生了财务危机，遭到法院查封，吴灿坤的货款也无法追讨。无奈之下，他只好以债权人身份去"荣国"走一趟，看还有什么东西可抵债，没想到这一去却使他的事业峰回路转、柳暗花明。他在"荣国"发现了一台压铸机。吴灿坤听说压铸这行利润好，赶紧借来几本讲压铸的书，又到朋友工厂里实习了10天，然后将晋昌企业改名为灿坤，重新转型出发。

吴灿坤选对了路，几年后他与日本一家公司合作，将生意愈做愈大。当日本人发现压铸行业利润颇高时，便终止与他的代工合约，收回自己做。吴灿坤接受了这个无情的事实。但这并没击垮他的斗志，他决定自行开发产品。

他开始研制旅行用熨斗。研制成功后，吴灿坤将产品顺利地打入了日本市场，同时，还争取到了美国和欧洲的客户。他想尽一切办法降低生产成本，然后销往海外市场，尤其是欧洲市场，渐渐地"灿坤"在欧洲拥有了一定的知名度。

1982年，欧洲货币大幅贬值，吴灿坤的事业受到了沉重打击。

他关掉了台湾之外的一些子公司，然后将台湾总公司的员工由300多人裁减到30人。他开始接受多元化经营与全球化行销策略的现代理念。

1985年，他看到台湾的购买力越来越高，岛内市场前景看好，于是成立台湾优柏公司，将产品销到台湾市场。

1988年，吴灿坤首度到内地发展。先以个人名义到厦门办厂，一开始人生地不熟，举步维艰。可是吴灿坤很坚强地挺了过来，他相信自己的眼光不会有错。1993年，"厦门灿坤"在深圳证券交易所发行上市，成为独资台商中第一家在内地股市挂牌的企业。股票上市以后，吴灿坤决定进军上海，认为只有打进上海市场，他的产品才能由地区性品牌升级为全国性品牌。有感于人才不足与企业的社会责任感，他成立了第一个由台商创办的专业学院，在上海积极培养当地人才。

学会换一种思维，找到危机中的契机，找到应对危机的方法的同时，也获得了发展的契机。我们需要学会用逆向思维考虑问题。

1.当我们身处逆境时，不妨先让自己快乐起来，放松心情。心情轻松起来了，才能积极地应对危机。

2.放慢生活节奏,学习享受目前的生活。可以看一些好的书籍,学会用正确的心态面对困境。

3.自信是最重要的。遭遇挫败后,人们大多都失去勇气,因而做事往往会畏首畏尾。要用"我能行,我很棒"来激励自己。

4.培养自己顽强的毅力。坚守信念,永不言弃。渡过危机后对自己进行一些反思和总结,作为借鉴,相信成功终究会到来。

第10章
做人可不拘小节，做事要注意细节

　　做人可不拘小节，但是做事一定要注意细节。细节是一种习惯，是一种积累。一个人要养成重视小事的习惯，因为这能反映出他做事的态度。一个不起眼的动作，或许就会改变一个人的一生。其实，机遇处处在，就看你是否具有睿智的头脑和敏锐的眼光，从细节中发现成功的秘密。

◎ 细节中隐藏着魔鬼 ◎

> 魔鬼存在于细节，当人们忽略了细节时，魔鬼就会乘虚而入，所以一定要足够重视细节，才能驱除魔鬼，得到意想不到的收获。

人生每一个轨迹都是由若干个"点"构成，每一个点都渗透出一个完美的"细节"。细节具有非常的价值，不可以因为它的渺小，我们就去忽视它，它体现在我们人生道路中的方方面面。

有一家乳品公司，在一个城市推广乳制品，他们非常舍得投资，而且注重实效，硬件方面，仅仅是送奶车就配置了100辆。这些送奶车都有醒目的品牌标志、统一的车型和颜色，达到了很好的宣传作用。即使是在没有送奶业务的时候，这些车也在城市的大街小巷转悠，以达到宣传的目的。一段时间后，乳品公司的奶制品逐渐打开了销路。可是好景不长，没过多久，奶制品的销量急剧下降。经理急得团团转，却怎么也查不出原因。最后，经过走访，消费者道出了个中缘由：原来，祸端恰恰是营销手段的得意之作——送奶车。在最初推广时，送奶车的宣传效果是不言而喻的。但是，这些送奶车行驶了一段时间后，车身沾满了泥污垃圾，由于忽略了维护清洗，让人看了就感到恶心，但它们每天照样招摇过市。许多家庭就是因为这个原因，后来坚决不买这个牌子的牛奶了。

每一个轨迹都由若干个"点"组成，这好比企业是由许多个"点"组成的一样，消费者也是由许多个"点"组成的，产品也是由许多个"点"组成的，而所有这些"点"都可能成为驱动消费的细节。

第10章 做人可不拘小节,但做事要注意细节

曾经看到这么一个小故事。有一位著名的医学教授,在给新生上课的第一天就教育他们:医生,最重要的就是胆大心细。桌子上一只盛满尿液的杯子,他将一根手指伸进里面,然后将手指放进口中吸。随后,教授将那只杯子交给学生们,让学生照着他的动作来做。每个学生都忍着厌恶,像教授一样把一根手指插入杯中,然后塞进嘴里。看到学生们狼狈的样子,教授微笑着说:"不错,不错,你们都很胆大,但你们都忽略了一个细节,都没有注意到我伸入尿杯的是食指,可放进嘴里的却是中指。"

这位教授的本意是教育学生做工作一定要注意细节,相信那些尝过尿液的学生都会终生记住这个难忘的"教训"。

其实企业经营也是这样,也要养成注重细节的习惯,尤其在与对手激烈的竞争中更应该如此。所谓"千里之堤,溃于蚁穴",又所谓"一着不慎,满盘皆输"。

浙江某海鲜厂生产的冻虾仁非常出名,包括许多国外的商家也纷纷发来采购订单。该海鲜厂按照订单很快发出了冻虾仁,可没想到,货却被国外的商家退了回来,并且还要求索赔,原因是从出口的冻虾仁中查出了氯霉素。这是怎么回事呢?经过检查,发现是该海鲜厂在产品加工环节上出了问题。原来,剥虾仁要靠手工,有一些员工因为手痒难耐,就用含氯霉素的消毒水清洗止痒。正是由于这个小小的疏忽,使氯霉素浸入了冻虾仁,结果给工厂带来了巨大的经济损失。因此,这种教训,每个经营者都应铭记于心。

俗语说得好:魔鬼存在于细节。当人们在工作和生活中不注重细节时,魔鬼就会乘虚而入。而当你对细节给予足够的关注时,就会得到意想不到的收获。

凭着祖辈传下来的手艺,下岗后的老刘夫妇在市场里租了一个摊位。夏天、秋天卖熟羊肉,而冬天、春天卖生羊肉。卖熟羊肉时便送顾客一点椒盐,而卖生羊肉时则把椒盐换成萝卜,以便煮羊肉时清除膻味。正是这些小细节,使他们从众多的摊位中脱颖而出,生意一直兴旺。

像老刘夫妇一样,很多经营者越来越注意消费过程中的"细节",依靠这些

不显眼但极富个性、极能吸引人的细节取胜,而许多消费者也越来越被种种"细节"所"俘获"。于是,"细节经济"也与"注意力经济"、"眼球经济"一样,越来越受到人们的重视。实际上,优秀企业能吸引大家"眼球"、集中消费者"注意力"的,往往是其与众不同的"细节部分",而不是其"通用部分"。

细节隐藏着天堂,这个天堂是由我们自己一砖一瓦构建造的,所以让我们随时发现细节,关注细节,建设我们每个人心中完美的天堂。

◎ 要成大事先做小事 ◎

要想比别人更优秀,必须在每一件小事上下功夫。很多人以为只有做了大官才能做大事,或者只想做大事,不愿做小事,这种连小事也做不好的人,最终肯定成不了大事。

美国前总统罗斯福曾说过:成功的平凡人并非天才,他资质平平,却能把平平的资质,发展成为超乎平常的事业。

有一位老教授感慨地说起过他的经历:

"在我多年来的教学实践中,发觉有许多资质平凡的学生,在校时他们的成绩大多在中等或中等偏下,没有什么特殊的天分,有的只是安分守己的诚实性格,毕业后,老师同学甚至都不太记得他们的名字和长相。当这些孩子参加工作走上社会,也不爱出风头,只是默默地奉献,他们平凡无奇。但几年或十几年,他们却带着成功的事业回校来看老师,而那些原本看来能有美好前程的孩子,却往往一事无成。这是怎么回事呢?"

第 10 章 做人可不拘小节,但做事要注意细节

"我常与同事一起琢磨,认为成功与否与在校学习成绩并没有什么必然的联系,但绝对和踏实的性格密切相关。平凡的人一般比较务实,比较能自律,所以许多机会落在这些人身上。平凡的人如果加上勤能补拙的特质,成功之门必定会向他敞开。"

人们都愿意做大事,而不愿意或者不屑于做小事,目前想做大事的人太多,而愿意把小事做好的人又太少。实际上,随着经济的发展,专业化程度会越来越高,社会分工越来越精细,真正所谓的大事实在太少。例如,一台拖拉机,有五六千个零部件,需要几十个工厂进行生产协作;一辆小汽车,有上万个零件,需上百家企业生产协作;一架大客机,共有 500 万个零部件,涉及的企业单位更多。

因此,大多数人所做的工作就是一些具体的事、琐碎的事、单调的事,它们或许过于平淡,或许鸡毛蒜皮,但这就是工作,是生活,是成就大事不可或缺的基础。所以无论做人、做事,都要注意细节,从小事做起。一个不愿做小事的人,是不可能成功的。想要比别人更优秀,必须在每一件小事上下功夫。不会做小事的人,也做不出什么大事来。

日本狮王牙刷公司的员工加藤信三就是一个鲜明的例子。有一次,为了赶去上班,加藤刷牙时急急忙忙,没想到造成牙龈出血。他为此大为恼火,上班的路上仍是气愤异常。

到公司后,加藤为了把心思集中到工作上,硬把心头的怒气给平息下去了。他向几个要好的伙伴提及此事,并相约一同想办法解决刷牙容易伤及牙龈的问题。

他们想出了不少解决刷牙造成牙龈出血的方法,如把牙刷毛改为柔软的狸毛;刷牙前要先用热水把牙刷泡软;多用些牙膏;刷牙速度放慢等等,但效果均不理想。后来他们在放大镜下进一步仔细检查牙刷毛,发现刷毛顶端并不是尖的,而是四方形的。加藤于是想:"把它改成圆形的不就行了!"他们着手改进牙刷。

经过实验证明成效后,加藤正式向公司提出了改变牙刷毛形状的建议。公司领导看后,也认为这是一个特别好的建议,于是欣然把全部牙刷毛的顶端改成了

圆形。改进后的牙刷在广告媒介的作用下,销量直线上升,最后占到了日本同类产品的40%左右。加藤也由普通职员晋升为科长,并在十几年后成为了公司的董事长。

牙刷不太好用,在我们看来这是司空见惯的小事,所以很少有人去想办法解决这个问题,机遇也就从身边溜走了。而加藤不仅发现了这个小问题,而且对小问题进行细致的分析,想办法解决它,从而使自己和所在的公司都取得了成功。

周恩来位居总理之职,官不可谓不大,但他强调的却是"关照小事,成就大事"。他严格要求身边的工作人员尽可能地考虑到事情的每个细节,最反感"大概"、"可能"、"也许"的言语和做法。有一次在北京饭店举办涉外宴会,他问:"今晚的点心是什么馅?"一位工作人员回答:"大概是三鲜馅吧。"周总理马上追问:"什么叫大概?究竟是,还是不是?客人中如果有人对海鲜过敏,出了问题谁负责?"

周恩来总理这种一丝不苟的精神,不仅赢得了中国人民的爱戴,同样受到了国际友人的尊敬。尼克松曾说:"对于周恩来来说,'任何大事都是从注意小事入手'这一格言,是有一定道理的。他虽然亲自照料每棵树,也能够看到森林。"尼克松回忆说:"我们在北京的第三天晚上应邀去看乒乓球表演,当时天已下雪,而我们预定第二天要去参观长城。周恩来离开了一会儿,通知有关部门清扫通往长城路上的积雪。"

所谓"大海不择细流,故能成其深;泰山不拒细壤,故能成其高。"希望周恩来总理重视细节的作风,能够对我们改变观念起到一定的作用。有的朋友以为只有做了大官才能做大事,或者只想做大事,其结果肯定是不但成不了大事,就连小事也做不好。

每一位成功者都是磨炼出来的。人具有无限的韧性和耐力,只要你一如既往地脚踏实地做下去,无论大事或小事,都认真对待,不放弃细节,那么你就可以创造出令自己和他人都震惊的成就。

第10章 做人可不拘小节,但做事要注意细节

◎ 从小事做起,起步要早 ◎

> 人与人之间的差别,往往就体现在一些习惯上,对待细节的不同态度决定了不同的人具有不同的命运。

许多人都想一夜暴富。当然,一夜暴富的可能性不是没有,如中彩票之类,但毕竟有此运气的人简直是凤毛麟角,绝大多数人还得依靠勤奋努力逐渐积累财富。

调查显示,美国41万个百万富翁中,78%的人年龄超过50岁,他们的财富都是通过连续二三十年每周7天做相对枯燥的工作获得的。

既然一夜暴富是不现实的,我们唯有靠早行动才能早致富。

越早开始投资,就能越早达到致富目标,使自己与家人越早享受致富的成果。而且越早开始投资,利滚利时间越长,所需投入之金额就越少,赚钱就越轻松且愉快!

美国佛罗里达州的13岁学生萨和特,他曾经以替人照看婴儿来赚取零用钱。留意到家务繁重的婴儿母亲经常要紧急上街购买纸尿片,于是他灵机一动,决定创办他的"打电话送尿片"公司,仅收取15%的服务费,便会送上纸尿片、婴儿药物或小件的玩具等。最初他只给附近的家庭服务,非常受大家的欢迎,于是他又印了一些卡片四处发放,结果业务迅速发展,生意极佳。因为他只能利用课余骑单车送货,于是他以每小时6美元的薪金雇用了一些大学生帮助他。如今他已拥有多家规模庞大的公司。

巴菲特,被公认为股神,他也是早创业早致富的典型。

巴菲特在 11 岁就开始投资股票,他把自己和姐姐的一点小钱都投入股市,开始时一直赔钱,他的姐姐一直抱怨他。

巴菲特 20 岁时,在哥伦比亚大学就读,跟他年纪相仿的年轻人都只会游玩,但他却阅读了大量金融学的书籍,并跑去翻阅各种保险业的统计资料,尽管当时他的本钱不多投资不大,但是他的钱还是越赚越多。

后来他如愿以偿到葛莱姆教授的顾问公司任职,学习投资理念。两年后他向亲戚朋友集资 10 万美元,创立了自己的顾问公司。1969 年该公司的资产增值 30 倍以后,他解散公司,退还合伙人的钱,集中精力在自己的投资上。

巴菲特从 11 岁开始投资股市,历经几十年坚持不懈。他认为,他今天所创造出的巨大财富,完全是在 60 年的岁月里,慢慢地在复利的作用下创造出来的。

当然,我们并不是提倡小小年纪就去做生意赚钱,而只是借此说明一个道理,就是致富要从小事做起,从今天起步,只有早行动才能早致富。很多人儿童时代是懵懵懂懂地过,青年时代又浑浑噩噩地玩,中年时代成家立业了,这才匆匆忙忙地着手赚钱致富,但此时时无论是体力、活力还是创造力都已不如青少年时期,赚钱费力得多。在西方国家,家长从小就培养孩子的投资理财能力,让他们从小就掌握投资理财的方法。比如让小孩做家务,父母给予一定的报酬;让小孩上街卖糖果,赚取零花钱等。既能让孩子认识到劳动的意义,知道赚钱的不易,也能培养孩子的经营意识与理财能力。国内外的成功人士,很多从小就有经营意识,甚至是从小就开始投资理财,这一点必须引起我们的重视。

西点军校在培训方面很重视细节,总是强调必须熟知每一个细节。他们通过学习让学员了解到,追求细节是实现完美的前提,形成一种近乎本能的追求完美的习惯。

注重细节是一种日积月累的习惯,而人的行为有 95% 会受习惯影响。逐渐积累的习惯会最终形成一个人的素质。爱因斯坦曾说过:"当人们忘记了在学校里所学的一切之后,剩下的就是素质,教育的真正目的也在于此。"而习惯就是忘不掉的最重要的素质之一。

人与人之间的差别,往往就在一些习惯上,并且就是因为对细小的事情的不同态度,决定了不同的人具有不同的命运。

两个同龄的年轻人同时受雇于一家店铺,可是一段时间后,叫阿诺德的那个小伙子青云直上,而那个叫布鲁诺的小伙子却仍在原地踏步,布鲁诺非常不满意老板的不公正待遇,向老板抱怨。

老板开口了,"你现在到集市上去一下,看看今天早上有什么卖的。"

布鲁诺回来向老板汇报,今早集市上只有一个农民拉了一车土豆在卖。"有多少?"老板问。他又跑到集市上,然后回来告诉老板一共40袋土豆。"价格是多少?"布鲁诺又第三次跑到集市上问了价格。"好吧,"老板对他说,"现在看看别人是怎么做的。"

老板让阿诺德看看集市上有什么可卖的。

阿诺德很快就回来了,向老板汇报说目前只有一个农民在卖土豆,一共40口袋,价格是多少,土豆质量很好,他带回来一个让老板看看。他接着说,这个农民一个钟头以后还会弄几箱西红柿来,他认为价格非常公道。铺子的西红柿库存已经不多了,他想这么便宜的西红柿老板肯定会要一些的,所以他不仅带了一个西红柿做样品,还把那个农民也带来了,他现在正在外面等答复呢。

同样的小事情,有心人做出大学问,不动脑子的人只会来回跑腿而已。别人对待你的态度,就是你做事情结果的反馈,它像一面镜子一样准确无误,你怎么做的,它就怎么反射回来。

一位年轻人被分配到一个海上油田钻井队。在海上工作的第一天,领班要求他在限定的时间内爬上几十米高的钻井架,然后把一个包装好的漂亮盒子送到最顶层的主管手里。他拿着盒子满头是汗地爬上顶层,把盒子交给主管。主管在上面签下自己的名字,让他送回去。他又快跑下来把盒子交给领班,领班在上面签下自己的名字,让他再送给主管。

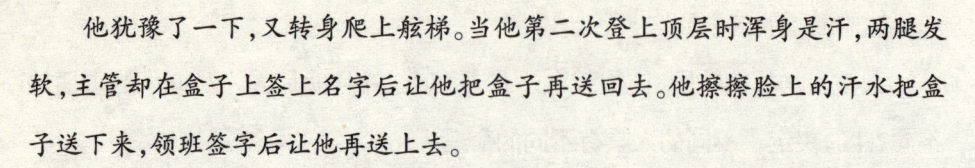

他犹豫了一下,又转身爬上舷梯。当他第二次登上顶层时浑身是汗,两腿发软,主管却在盒子上签上名字后让他把盒子再送回去。他擦擦脸上的汗水把盒子送下来,领班签字后让他再送上去。

他有些愤怒了但尽力忍着不发作,又艰难地一个台阶一个台阶地往上爬。他第三次把盒子递给主管。主管让他打开盒子,他发现里面只是一罐咖啡,他愤怒了。

"把咖啡冲上。"年轻人再也无法忍受了,"叭"地一下把盒子扔在地上:"我不干了!"说完感到痛快多了。

主管直视他说:"刚才让你做的这些叫做承受极限训练。在海上作业随时会遇到危险,这就要求队员身上一定要有极强的承受力,能承受各种考验,才能完成海上作业任务。前面三次你都顺利通过了,但可惜,只差那最后一点。"

年轻人懊悔地离开了,但他却从这件事上吸收了教训,他懂得了成功在于一点一滴的磨炼,并立志要做一番事业。经过几年的艰苦拼搏后,他逐渐养成了注意细节的习惯,并最终成了一名油田钻井队队长。

刚进职场的年轻人,很少马上就被委以重任,往往是做些琐碎的工作。但是千万不要小看它们,更不能敷衍了事,因为人们是通过你的工作来认识你的。如果连小事都做得糟糕,别人还怎么敢把大事交给你呢?

◎ 一个微不足道的动作改变人的一生 ◎

> 绝不要忽略一些不起眼的小事或细节,有时正是这些小事或细节,决定着一个人的成败。一个微不足道的动作,也许就会改变一个人的一生。

美国福特公司名扬天下,不仅使美国汽车产业在世界独占鳌头,而且改变

第10章 做人可不拘小节,但做事要注意细节

了整个美国的国民经济状况。谁能想到该奇迹的创造者福特,当初进入公司的"敲门砖"竟是"捡废纸"这个简单的动作?

那时候,福特刚从大学毕业,他到一家汽车公司应聘,一起应聘的几个人学历都比他高,在其他人面试后,福特感到没有录取希望了。当他敲门走进董事长办公室时,发现门口地上有一张纸片,他很自然地弯腰把它捡了起来,看了看,发现是一张废纸,就顺手把它扔进了垃圾篓。董事长把这一切都看在眼里。当福特刚说了一句话:"我是来应聘的福特。"董事长就发出了邀请:"很好,很好,福特先生,你已经被我们录用了。"这个让福特备感惊异的决定,实际上源于他那个不经意的小动作。从此以后,福特开始了他辉煌的人生,直到把公司改名,让福特汽车闻名全球。

很多时候,帮助别人对于自己来说可能只是举手之劳,而对于别人来说,这一句话,或是一个动作,有可能会改变他们一生的命运。

一个男孩被绊倒在地,他怀里抱着的许多书、两件运动衫、一个棒球棒、一副手套和一个随身听全部掉在了地上。正在放学回家路上的马克看到了,于是,马克就单膝跪在地上帮他把散落的东西一一捡了起来。

这个男孩名叫比尔,正好和马克同路,因此马克就帮他拿了一部分东西。在路上,比尔告诉马克他很喜欢玩电子游戏、打棒球和历史课,他说其他学科他学得不太好。此外,他还告诉马克他刚刚和女朋友分手的事。

他们到比尔的家后,比尔邀请马克进去喝杯可乐,看电视。那天下午他们在一起谈论,说笑,过得非常愉快。从那以后,他们在校园里经常碰面,有时还在一起吃午餐。初中毕业后,他们又到同一所高中上学,在那里他们也有过几次短暂的接触。在毕业前3个星期,有一天,比尔问马克他们是否可以聊一下。

比尔问马克是否仍记得他们数年前第一次相遇时的情形。"你有没有想过,那天我为什么要带那么多东西回家?"比尔问。

马克摇了摇头。

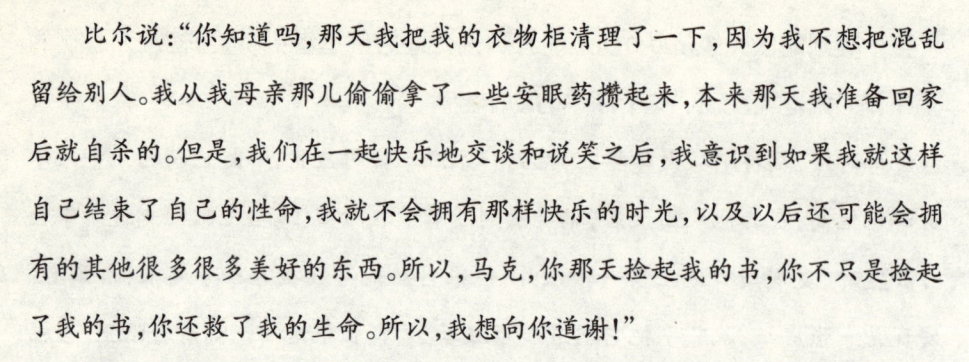

比尔说："你知道吗，那天我把我的衣物柜清理了一下，因为我不想把混乱留给别人。我从我母亲那儿偷偷拿了一些安眠药攒起来，本来那天我准备回家后就自杀的。但是，我们在一起快乐地交谈和说笑之后，我意识到如果我就这样自己结束了自己的性命，我就不会拥有那样快乐的时光，以及以后还可能会拥有的其他很多很多美好的东西。所以，马克，你那天捡起我的书，你不只是捡起了我的书，你还救了我的生命。所以，我想向你道谢！"

许多人都渴望自己成为别人眼中的焦点，那么，把自己的特长细化起来吧，让别人一下子就能记住你。

在美国耶鲁大学的入学典礼上，校长每年都要向全体师生特别介绍一位新生。有一年，校长隆重推出的，是一位自称会做苹果饼的女同学。大家感到很奇怪：为什么会推荐一个特长是做苹果饼的人呢？校长自己揭开了谜底。原来，每年的新生都要填写自己的特长，但几乎所有的同学都选择诸如运动、音乐、绘画等，还从来没有人填写擅长做苹果饼。因此，这位同学便脱颖而出。

这真是一位非常聪明的学生。试想，如果当初她填上"擅长厨艺"，结果会如何？肯定不会像"做苹果饼"这么容易打动人心。其实，那些填写运动、音乐、绘画的人，可能也就是会打打篮球、吹吹口哨或者画几笔素描。但是，他们不愿那样写，非要用一个大而笼统的概念把自己的特长掩盖起来。仔细打量，这背后显露的是心虚。而细化自己的特长，是一种自信，同时也显示出一种率真的可爱和质朴。曾经有求职者在简历"有什么特点"一栏中写道："说谎时容易脸红。"这相比起那些自称"从不说谎"的人来，要真诚得多。虽然有些特长不伟大，不高贵，但是它照样能够让我们享受一生。细化它们，并张扬它们，那么你的自信便能一点一滴地渗透出来。

这个学生的聪明之处并不在做苹果饼上，而在她"推销"自己的方式上。

第10章 做人可不拘小节，但做事要注意细节

◎ 对琐事的态度决定你的人生 ◎

> 蝴蝶效应：一只南美洲亚马逊河流域热带雨林中的蝴蝶，偶尔扇动几下翅膀，可以在两周以后引起美国德克萨斯州的一场龙卷风。这意味着琐事也能决定我们的人生。

现在困扰你的事在一年之后可能所有人都忘光了，所以不要去计较那些琐碎的事。

在日常生活中，我们经常会在小地方钻牛角尖，最后反而忘了真正的重点，然后事后懊悔不已。为了一点小事就与别人吵架，因为别人漫不经心的一句话就发火，发脾气后气消了固然是好事，但是留下的负面影响却覆水难收。你会为了挽回局面而四处奔忙，浪费许多时间和精力。倘若事态已发展到无可挽回的地步，你就欲哭无泪了。

其实让我们生气的大多数事情都是退一步就能海阔天空的事，那些所谓的问题也是会随着时间的流逝而迎刃而解的。现在困扰你的事在一年之后可能所有人都忘光了，所以不要去计较那些琐碎的事。你觉得如果没用或没必要做的事，应该果断地处理，拖拖拉拉反倒误了正事。因小失大就是这个意思。

我们不为河水开通渠道，它也会自寻出路；如果我们非要为河水开辟更好的渠道，反倒会被强大的水流所阻挡。当有人插队时，换个角度想："他应该是有什么急事吧。"这样你就可以不必自寻烦恼。如果不愿在无聊的人和事上浪费精力，只想享受自己的幸福，就不要去在意别人脱口而出的无心话语或无礼的行为。

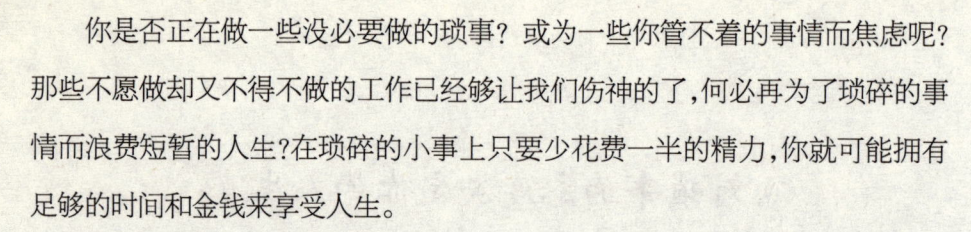

你是否正在做一些没必要做的琐事？或为一些你管不着的事情而焦虑呢？那些不愿做却又不得不做的工作已经够让我们伤神的了，何必再为了琐碎的事情而浪费短暂的人生？在琐碎的小事上只要少花费一半的精力，你就可能拥有足够的时间和金钱来享受人生。

虽然为琐碎的事情耗费时间是一件很愚蠢的事情，但有时我们却无法完全摆脱。一些看似琐碎的事情，一旦聚集在一起，也能发挥很强的破坏力。

营销权威迈可·拉宾提出的"破碎的玻璃窗法则"，就是把詹姆斯·威尔逊和乔治·凯林发表的"破碎的玻璃窗理论"应用到企业实际经营上。

简单来说，"破碎的玻璃窗理论"是指如果某栋建筑物的玻璃窗破了一个洞却不做处理的话，引来小偷就只是时间早晚的事情。因为破碎的玻璃窗在向小偷传达着这样一个信息："快来偷吧！这栋房子没人管理。"这个理论告诉我们：想要防止犯罪，就要提前消除引来犯罪的条件。

"破碎的玻璃窗理论"曾在纽约展现了它的价值。纽约前市长鲁道夫·朱利安尼为了将曼哈顿打造成"家庭式都市"样板，宣布要与在地铁里乱涂乱画、逃票的人，以及进行性交易的人等所谓的"轻罪犯"进行斗争。有一些人嘲笑说："朱利安尼是因为没有自信让重罪犯伏法，所以才拿轻罪犯来开刀。"可是朱利安尼这样认为："如果连闯红灯的人都拦不下来，更不可能阻挡强盗。"结果，管制轻罪犯的效果超乎预期的好，以前纽约每年高达2200件的杀人刑事案件也锐减到1000件左右。

迈可·拉宾主张的"破碎的玻璃窗法则"对企业经营也卓有有效。例如，快餐店的洗手间里卫生纸用完了却没有补上，那么顾客可能会联想到"这家快餐店的厕所不重视卫生清洁"，衍生出"这家快餐店的东西吃了会拉肚子的念头。""玻璃窗破碎"的瞬间，顾客就会转身离去，不做及时补救的话公司也将走下坡路。没有整理的柜台、乱七八糟的商品、冷人冷面的职员、机器人似的顾客服务……这些都是使企业暴露于危机下的"破碎玻璃窗"。

玻璃碎片很小，却有致命的杀伤力。我们常看到因为疏忽细节而耽误大事情的人，还有很多人因为不守时或穿着打扮不得体，给别人留下的第一印象不好，而受到不公平的对待。食物里的一根头发、高级西装上的小斑点、报纸或杂志里的错别字……虽然都是细节，但却能留下致命污点。只要一块玻璃破碎了，整片玻璃都会破碎。

相反地，热心协助乘客找回失物的公交车司机、努力维修故障商品的家电维修师、为别人的客人端茶水的同事……这些人都会让我们对他们心生好感。

仔细盘点，大部分的重大事件还真的都是由种种琐碎的小事发展起来的。小小的判断失误也可能在日后演变成严重的问题，一个不起眼的决定扭转人生轨道的情况也很常见。有时候你认为无所谓的事情，很可能在社会上引起轩然大波。

我们的信念，是由许多细小的坚持积累而成；我们的人生，是由许多细小的经验集合起来的。因此，世界是由许多的碎片集合在一起，就构成了社会，进而创造历史。

对琐事的态度决定你的人生。

在我们周围，有很多看似细微但却非常致命的事。当然，也有看起来非常严重实际上却微不足道的事。关键是我们要学会判断哪些是重要的，哪些是无关紧要的。

自己的事情，轻重很容易判断，但要判断别人的事情就不那么容易了。每个人看待自己的事与他人的事时，观点会有不同。差异在哪呢？在于人们对事情的理解程度不同。人们对自己所做的事情来龙去脉了解很清楚，所以无论如何会说服自己。但对于别人所做的事情就只看结果、不去了解过程，即使了解了也会根据结果来判断。

判断事情琐碎与否，并不容易，我们不执著于琐碎的小事，但也不能认为所有事情都是琐碎的而不重视,这可能造成严重的后果。

蝴蝶效应:如果一只南美洲亚马逊河流域热带雨林中的蝴蝶,偶而扇动几下翅膀,可以在两周以后引起美国德克萨斯州的一场龙卷风。这意味着细小的变化,有可能会带来可怕的影响。

成功者和失败者的差异其实很小,如果说成功需要尝试1000次的话,那么失败者是在尝试了999次后放弃了,而成功者不过是比他多挑战了那最后一次而已。当有些人选择放弃时,另外一些人却选择再努力一次,也就是那最后一次的努力,决定他们的成败。

如果我们连琐事都处理不好,人生是很难成功的。成败的关键就在于我们怎么看待每一件琐事。只想干大事而忽略琐事的人失败了,而连细小的机会也会好好把握住的人成功了。

当你觉得快要坚持不下去的时候,再试一次吧!也许就是那一次的尝试,将改变你的人生。

◎ 小智慧带来大财富 ◎

其实,商机处处在,关键就看你是否具有睿智的头脑和敏锐的眼光,能否发现它。头脑是创富之源。同时,要想使自己的产品脱颖而出,就不能求同,而要大胆求异,即一定要形成自己的特点。

只有少许资本或完全没有资本的人要想致富,只能依靠自己的智慧。

一个年轻的寿险销售员,由于无法说服一个客户投保,心情烦躁。但不久他

第 10 章 做人可不拘小节，但做事要注意细节

从烦恼中获得灵感，那就是向企业经营者建议，不再直接以个人为投保对象，转而以企业为投保对象。如果以企业为投保对象，可能会因为经营方式的改观，赚取比保险费高几倍的利润。

他决定把这个想法付诸行动，当即着手以不同的方式推销。他选择的第一个客户，是市内最有代表性的餐厅。他对餐厅老板说明了他的想法。经过讨论，他们拟定了一种特殊的保险菜单，对经常光顾这家餐厅的人，每人保1000美元的寿险。

保险菜单推出后，餐厅的生意日益火爆，那个做寿险的年轻人自然也有了不菲的收益。后来他把这想法又推广到加油站和超市。

其实，商机处处在，就看你是否具有睿智的头脑和敏锐的眼光去发现它。

鲍名利，一个从传统行业中崛起的百万富翁，其事业的几度起落充分说明了这个问题。

他的第一项事业是和朋友合开比较前卫的"香港欧美时装廊"，当时这在长春属独家新潮时装，保守的人不太容易接受。鲍名利却认准了逐渐走向开放的时代大背景下，这样经营定有市场。果然，引进的新潮时装受到年轻一代的欢迎，获得了丰厚的回报。然而两个合伙人却因性格不合分了手。

但这并没有影响鲍名利的创业积极性。后来，他看中了刚刚打入市场还不被行家看好的速冻食品，毅然做了台湾怡尔香面食的吉林省总代理。

现代社会生活节奏快，速冻食品在为人们节省了宝贵的时间同时，更为人们增添了新口味。经过一番精心的策划和宣传，速冻食品很快打开了销路，生意一度空前火爆。

由于经验不足，他忽略了重要一点：速冻食品也有淡旺季之分。由于战线拉得太长，他不得不宣布这次经营的失败。

痛定思痛，鲍名利开始反思。干别人没干过的，闯新路可以抢占先机，但在经营上一定要得法，否则就会一败涂地。

1995年，经过认真考察，鲍名利从朋友处借来资金，和丹东一家中法合资的百叶窗帘厂联营，建立吉林省第一家百叶窗帘厂。当时市场上没有发现这种新型窗帘，从装修趋势看，这是一项正在走向热门的行业。

为使人们能够接受这一装饰理念，鲍名利在宣传上大做文章，印了大量宣传单，到处散发。他在郊区租了一间民房，亲自送样品，当业务员、送货员。虽然很辛苦，但他相信自己的眼光不会错。

就在这一系列宣传之下，鲍名利开始收获劳作的喜悦。各种单位纷纷找上门来，业务越做越大，知名度越来越高。后来，做这个行业的人越来越多，利润越来越少，鲍名利开始搜寻新的项目。

经过精心调查，他发现了浴室洁具翻新项目。假使宾馆要折换一只新浴缸，最低的费用也要在400元左右，而翻新只需一半的价钱就够了。另外，我国城市居民浴室的装备也日趋高档，这更为浴室的翻新提供了更大的空间。

但是，这是一项极具风险的项目。然而鲍名利认准了这个项目的市场，不惜花费几万元买到这项翻新技术的专利。该工艺可使旧浴室洁具在24小时内焕然一新，并可投入使用。于是鲍名利没有犹豫，大胆地着手自己的计划。

可以说，鲍名利完全是一位靠头脑致富的百万富翁，正是因为有着敏锐的头脑，他才得以从传统产业中崛起。

这样的例子不胜枚举，总结其中的特点就是：头脑是创富之源。

其实，任何身经百战的企业家，要想在商场上独领风骚，最不能缺少的就是出众的智慧和精明的头脑。一点点与众不同就可能带来成功。

日本"森永"公司，销售番茄酱时仅仅改动了一个细节就赢得了市场占有率第一。

番茄酱是日本人最爱吃的调料之一，因此在日本销量非常大，竞争也十分激烈。

怎么才能占领市场呢？经过集思广益，想到一个奇招：番茄酱的包装瓶的口改大，大的汤匙可以伸进去掏。

结果非常成功，使销量急剧增加，不到半年时间，森永公司的销量就超过了竞争者，一年以后，更是占有了日本大部分市场。

为何情况会一下子改变呢？原先番茄酱瓶口太小，消费者用时得使劲摇后将瓶子倒过来，番茄酱才慢慢流出来。森永公司把瓶口改大后，解决了原来的缺点。

在销售竞争中，最高明的行动就是别人没有预料到的行动，哪怕只是一个小小的细节变化。森永公司就是在竞争者尚未想到和尚未行动前，首先想到而且捷足先登，从而成为商战中的胜者。

这方面的例子可谓是数不胜数。

一个年轻的中国企业家——张世杰，在通过对市场的精心调研和对服装文化的深刻理解的基础上，在他简陋的衬衫生产车间里，自信地挥起剪刀。此后，震撼中国乃至世界衬衫业、世界独有的"如意领"金吉列高级男士衬衫诞生了。

"如意领"男士衬衫将流行了近百年的衬衫领口下移一厘米，将领尖剪下一厘米，使领口线条更加柔和，穿着更为舒适。1993年获中华人民共和国专利局外观设计专利证书；荣获日内瓦博览会服装业唯一金奖。同年，发明人张世杰在全国科技成果大评选中荣获"中国爱迪生杯"优秀发明奖。

"如意领"成就了金吉列，使金吉列制衣日益壮大，在竞争激烈的衬衫制造业中后来居上，牢牢站稳了市场。

这个例子说明，要使自己的产品脱颖而出，就不能求同，而要求异，即一定要有自己的特点。

如果你想使自己的产品更具竞争力，那就应尽最大努力使自己的产品具有独特之处，然后，运用各种手段把这独特之处宣传出去。可能在别人看来，这只是一点小小的智慧，但成功往往就是以小博大，能为你带来意想不到的大财富。

第11章
能力从解决难题开始

　　凡事必有解决的方法，抓住问题的关键，对症下药，问题自然迎刃而解。找借口实际上是失败的前奏。其实，现实中我们说事情艰难，往往是由于我们并没有尽到最大的努力！有了坚强的意志不一定会成功，然而没有坚强意志的人，一定会失败！只有从困境中走出的人才是真正的强者。

◎ 世界上最大的困难源于你的头脑 ◎

> 世上最大的敌人就是你自己，最大的困难来源于你的头脑。做到与做不到，往往在一念之间。其实成功最重要的一步，就是说服自己勇往直前。

新闻记者麦克极为羞怯怕生。有一天，他的上司安排他去访问大法官布兰代斯，麦克大吃一惊，说："我怎么可能要求单独访问他？布兰代斯不认识我，他怎么肯接见我？"在场的另一个记者立刻拿起电话打到布兰代斯的办公室，大法官的秘书接的电话。他说："我是明星报的麦克（麦克在旁大吃一惊），我奉命访问法官，能否请您今天让法官接见我几分钟？"他听完对方的答话，然后说："谢谢你，1点15分，我准时到。"他放下电话，对麦克说："你的约会安排好了。"

其实，世界上最大的敌人往往就是你自己，最大的困难来源于你的头脑之中。哲人说，做得到与做不到，往往就在人的一念之间。其实成功最重要的一步，就是要说服自己勇往直前。要相信自己能克服一切难题，而不是还没开始行动就预想到所有可能的障碍和挫折，败给自己的想象，败在自己为自己设置的限制和不自信上。成功者都知道，做任何事都会面临困难和挫折，他们会预料到这一点，但更重要的是，他们坚信自己能够克服所遇到的一切难题，所以这些困难对他们而言也就不能称之为困难，而是通向成功的一个挑战！

而失败者却往往杞人忧天，他们低估自己的能力，悲观地把所有还没到来的困难都已经想象出来了，使得他们还没正式出战就已经被困难这个对手吓得容颜失色，不敢迎战，最后只能举白旗投降。

第 11 章　能力从解决难题开始

世上最大的困难来自于你的想象,来自于你的心态和理念。如果你悲观地看待未来,认为前途渺茫、困难重重,你就已经已经输了一大半。所谓不战而败,就是这个道理。

生活中是不是有很多这样的情况呢?很多人想进更好的公司,想争取更好的工作待遇,只要他们能努力充电,好好准备,完全有机会去实现这些目标,可是他们却认为困难太大,只好在自我否定和自我说服中告诉自己别想得那么美好,于是渐渐地放弃了努力和拼搏,最终只有羡慕别人的成功、悲叹自己的平庸的份。

确实,头脑中的那些铺天盖地的困难、曾经可怕的经历,都是束缚你施展手脚的绳索。它不但束缚着你的行动,说服你不要前进,要安于现状,长此以往,还磨灭了你的昂扬斗志,让你最后沦为平庸之人。

相信一切皆有可能,没有什么能阻拦你!从你的字典里把"不可能"这个词抠掉,甚至从你的心中把这个观念铲除掉。在谈话中不提它,从想法中排除它,在态度中去掉它,把这个词和这个观念永远抛弃,而用自信灿烂的"我能"来为自己加油鼓励。要明白,困难来自你的头脑,来自你的思想!

汤姆·邓普西生下来的时候,只有半只脚和一只畸形的右手。令人感到高兴的是,他的父母从来不让他因为自己的残疾而感到不安,他们从小告诉他,没有什么是他做不到的!结果是健全男孩能做的事他也能做,如童子军团行军 5 千米,汤姆也同样走完 5 千米。再后来,他凭着自信和毅力加入了橄榄球队,在第一个赛季的比赛中,为他的球队夺得了 99 分。

在一次几万人观看的大型比赛中,邓普西为他的橄榄球队赢得了最后胜利。当邓普西全力一脚踢在球上,球笔直地前行,几万球迷屏住气观看,接着终端得分线上的裁判举起了双手,表示得了 3 分,球在球门根杆之上几英寸的地方越过,球进了!球迷狂呼乱叫,为踢得最精彩的这一球而兴奋。"真是难以置信!这是只有半只脚和一只畸形的手的球员踢出来的!"有人兴奋大叫。但是邓普西只是微笑,他想起了父母曾说的话:"没有什么是你不能做的。"

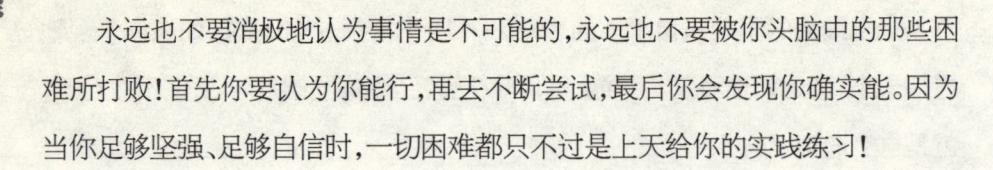

永远也不要消极地认为事情是不可能的，永远也不要被你头脑中的那些困难所打败！首先你要认为你能行，再去不断尝试，最后你会发现你确实能。因为当你足够坚强、足够自信时，一切困难都只不过是上天给你的实践练习！

◎ 凡事必有其解决方法 ◎

> 世上无难事，只怕有心人，相信只要你努力地去想办法，问题就一定能有其解决之道。

凡事必有解决方法，抓住问题的关键点，对症下药，问题自然迎刃而解。

在我们的日常生活与工作中，是否经常有各种应接不暇的问题弄得你焦头烂额呢？你是否在问题出现的时候觉得进退维谷、束手无策呢？

此时，你绝对不能只坐在那里盯着问题发呆或是置之不理，你应该积极地去思考解决问题的方法。

正所谓：世上无难事，只怕有心人。相信只要你努力地去想办法，问题就一定能有其解决之道。

一天，一家酒店碰到了一个非常棘手的问题。原来住在酒店里的一位外国客人非常喜欢当地的风土人情，就雇用了一辆人力三轮车去游玩。

当外国客人在胡同里转悠了半天，玩得不亦乐乎回来结账的时候却发生了不愉快的事。原来人力车夫按一个人 180 元的价格收钱，而外国客人觉得最多就值 100 元钱。

于是两人就开始讨价还价，争执到最后差点打起来。局面弄得非常僵，没办

第11章 能力从解决难题开始

法,酒店只好出面调解这个僵局。

酒店在两方之间不断协调,希望找到一个最好使双方都能接受的中间价。调解到最后,外国客人最多只愿意出140元钱,而人力车夫最少要收160元钱,双方谁都不愿意再让步。于是,问题又僵持住了,无论酒店里的工作人员怎么调解也无济于事。

就在问题僵持不下的时候,酒店的工作人员做了一个分析:问题的关键不在价钱上,而是在两个人的面子上。因为双方还不至于为这区区20元钱而大动干戈,之所以这样寸土不让,关键在于面子问题,双方都在赌这一口气。

问题要想解决,就必须想办法同时保住两个人的面子,给他们台阶下。

而如何才能使两个人都觉得没有丢面子呢?

为此,大家开始绞尽脑汁想办法。终于,见多识广的大堂经理想出了一个两全其美的好方法:外国人都有给服务员小费的习惯,那么让外国客人再给人力车夫10元钱的小费,变成150元钱。这样外国客人觉得车费还是140元,就接受了。

而人力车夫觉得有10元总比没有好,外国客人已经让步了,总算是挽回点面子,也就同意了。

就这样,这个问题终于完美解决了。

这位酒店的大堂经理抓住了问题的关键点,对症下药,问题自然迎刃而解了。所以,我们在工作中要多动脑筋,我们要相信,不管是多么大的困难,只要努力去想就一定能找到解决方法。

相传古希腊的一位国王想为自己制一顶纯金的王冠。金匠把制好的王冠献给国王以后,国王把阿基米德召了进来,让他检验一下这顶王冠是否是用纯金制造的,但是不许损坏王冠一丝一毫。这真是个天大的难题,阿基米德冥思苦想很长时间,都没有找到解决这个问题的办法。

一天,阿基米德在浴盆里洗澡,当他的身体浸入水中之后,突然感到自己的身体变轻了。这使阿基米德意识到水有浮力,而人的身体把水排开了。他高兴极

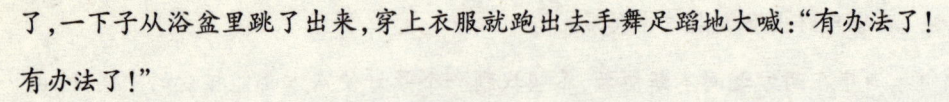

了,一下子从浴盆里跳了出来,穿上衣服就跑出去手舞足蹈地大喊:"有办法了!有办法了!"

阿基米德立刻进宫,在国王面前分别将与王冠一样重的一块金子、一块银子和王冠,放在水盆里,可以看到金块排出的水量比银块排出的水量少些,而王冠排出的水量比金块排出的水量多些。阿基米德自信地对国王说:"王冠里掺了银子!"

国王不明白,阿基米德解释说:"一公斤的木头和一公斤的铁相比较,木头的体积大。如果把它们分别放入水中,体积大的木头排出的水量要比体积小的铁排出的水量多。我把这个道理应用在金子、银子和皇冠上。因为金子的密度大,银子的密度小,因此,相同重量的金子和银子,肯定是银子的体积大于金子的体积,放入水中,金块排出的水量就比银块少。通过刚才的实验,王冠排出的水量比金块排出的水量多,说明王冠的密度比金块密度小,也就证明王冠不是用纯金制造的。"金匠因此受到了惩罚。

所以,在工作中,不要惧怕任何问题和困难,要相信,凡事必有解决的办法;只要我们努力去想办法,找方法,每一个问题都会找到解决方法。

◎ 寻找借口会让你更加平庸 ◎

借口往往是推脱责任的理由,面对问题寻找借口不是明智之举,因为碰到困难是好事,有困难说明又有了学习新知识的机会,只有勇于承担责任,克服困难,才会取得进步。

找借口实际上是通向失败的前奏。寻找借口只能造就成千上万平庸的企业和千千万万平庸的员工。面对失败,是选择责任,还是选择借口呢?选择责任,你的道路是向前的,责任会鞭策着你走得更远;选择借口,你的道路是后退的,借口会牵着你原地踏步甚至后退。但你所要做的,你所想要得到的,是需要你永远向前进。

每个人的天性中都存有一颗"黑暗的种子",那就是好逸恶劳,推卸责任。每当遇到情况发生时,出于本能,人们往往会把好的事情往自己身上揽,把坏的事情往别人身上推。如果你放任自己这颗"黑暗的种子"生长,不去严加防守的话,那么,很容易就会陷入找借口、推卸责任的圈子里。

某重点中学,以对学生严格要求而出名。有一次,校长发现有一盏电灯亮着白白浪费电,他问一位学生这是怎么回事。学生顺口说:"今天不是我值日。"校长狠狠地批评了他一顿。在校长看来,这个学生首先要做的事是马上关掉电灯,并且说:"对不起,校长!我没有注意到,这是我的错。"

"天下兴亡,匹夫有责"是中国的文化传统,我们要对公司、对团队负责,要摒除那种把责任往外推、寻找借口的行为。

许多人之所以一生平庸,其原因就在于他们万事都找借口。学习不好,说智商是父母遗传的;高考落榜,说没发挥好;没找到好工作,说自己没后台;工作没成绩,说经济形势不好……反正所有的失败都能找到借口。于是,他们便在一个个借口中得到解脱,开始沉沦,拥有一种阿Q式的精神胜利,殊不知这样只能让他们更加平庸!

解释,一个看似合理的行为,其实它背后隐藏的却是人天性中的逃避和不负责任。在事实前面,不要用任何理由掩饰自己的失误,勇敢地接受并想方设法地去完成任何一项任务,这个才是你能够成功的不二选择。

西汉时期,有一天,汉武帝外出巡察,路过宫门口时看到一位头发花白的卫兵穿着很旧的衣服,站在门口非常认真地检查出入宫门的人。于是,汉武帝就走上前询问起来。

老人说:"我姓颜名驷,江都人。从文帝起,历经三朝一直担任此职。"

汉武帝问:"你为什么没有机会升官?"

颜驷答道:"汉文帝喜好文学,而我喜好武功;而后汉景帝喜好老成持重的人,而我年轻活泼好动;如今您做了皇帝,喜欢年轻才俊有为之人,而我又年迈无为了。因此,我尽管经过三朝皇帝,却一直没有升官,惭愧啊,惭愧!"

颜驷几十年没有升职,难道这不是他自己造成的吗?他历仕三朝,换了三种不同用人风格的皇帝,却都没有升迁的机会,那就必须在自己身上找找原因了,怎么能怪时运不济呢?就好比一名公司员工,先后在三位上司手下工作过,却都不能得到重用,能说全是上司的责任吗?

工作中,面对没有及时完成的销售任务,面对没有做完的公司报表,许多人用时间不够、不熟悉工作程序、大家不肯合作等来作出一个看似合理的解释。猛看起来,好像确实很有道理,值得我们原谅,其实不然。因为这些解释只不过是这些人从潜意识里给自己的工作失误寻找借口,从而将自己的责任过失推脱掉罢了。而这也恰恰是高效合作的工作团队中所坚决不能容忍的。如果允许这样的情况发生,那是对团队的不负责任,是对整个公司的摧残。因为,一群企图解释和寻找借口的员工只能带来低下的效率和失败的命运。

有两个很优秀的年轻人毕业后一起进入一家公司,很快地被同时派遣到一家大型连锁店做一线销售员。有一天,这家店在核查账目的时候发现所交纳的营业税比以前出奇地多了好多,经过仔细检查后发现,原来是两个年轻人负责的店面误将营业额多打了一个零!于是他们被叫进了办公室,当经理问他们具体情况时,两人面面相觑,但账单就在眼前,一切都是确凿无疑的。在一阵难堪的沉默之后,两个年轻人分别开口说话了,其中一个解释说自己刚开始上岗工作,对公司的财务制度还不是很熟悉,再加上有些紧张,所以……而另一个年轻人却没有多说什么,他郑重对经理说,这的确是他们的过失,他愿意用个人两个月的奖金来补偿店铺的损失,同时他保证以后再也不会犯同样的错误。出来后,开始说话的那个员工对后者说:"你是不是太傻了,两个月的奖金,那你岂不是白干了？咱们是新手,这种事情随便找个借口就推脱过去了。"后者却仅仅是笑了笑,没说什么。但从这以后,公司里有好几次培训学习的机会,然而每次都是那个勇于承担的年轻人获得了。另一个年轻人终于坐不住了,他去质问经理为什么这么不公平。经理没有对他做过多的解释,只是说:"一个事后不愿承担责任的人,是不值得团队信任与培养的。"

因而,一个真正的成功者,一个真正优秀的员工拒绝寻找任何解释与借口为自己的错误推脱。

美国历史上划时代的传奇总统富兰克林·罗斯福曾打破美国传统,连任了三届总统职务。要知道,他身患小儿麻痹症。他绝对有理由为自己寻找借口去放弃,然而他没有,他以自己无比的信心、勇气及全部的努力向一切困难挑战,并最终成为一个真正的强者,成为自己的主人,并主宰了国家的命运。

现代社会飞速发展,激烈竞争的的市场经济更需要真正强大的公司,真正优秀的员工!

拒绝解释,拒绝借口,勇于承担,让自己逐步变得强大起来吧!

◎ 与其抱怨别人,不如改变自己 ◎

> 人生的大多数烦恼都是自找的,烦恼在不断扩大,问题在不断累积,当不能更好地解决它们时,抱怨自然就成了一个发泄情绪的出口。

抱怨可以让心情暂时缓解,但抱怨不能让问题得到解决。很多人就是在不断抱怨中,把问题的雪球越滚越大,让自己痛苦不已。

停止抱怨是改变自己的开始。人生最大的快乐不在于占有什么,而在于追求什么。抱怨除了增添我们的烦恼,带给我们更差的人际关系外,什么都不能给我们。如果是这样,那么我们为什么不停止抱怨,开始快乐的生活,试着去改变自己呢?改变自己,快乐的生活就会等待我们。

　　在生活中,我们经常听到各种各样的抱怨。很多人抱怨的是对别人的不满,对事情的不满,他们希望得到更美好的满足。大多数的人都会想到去改变这个世界,但是很少有人会想到去改变自己。

　　改变别人永远是徒劳的,但可以通过改变自己来使事情事半功倍。说到底,我们控制不了别人,也难以改变别人,所以,一味地要求别人如何,倒不如去改变我们自己。如果你尊重他人必定会得到他人的尊重,用心珍惜你该珍惜的东西,他人必定会感受到的。当我们不再用挑剔的眼光去看别人,而是回到自己的内心世界时,才能将自己心中的尘埃打扫干净,才能发现,自己将目光从他人转向自己,从事情转向自己,获得了新的解决问题的方法。

　　有这样一则古老的寓言:

　　一个年轻的农夫,划着小船,给另一个村子的居民运送自家的农产品。那天的天气酷热难耐,农夫汗流浃背,苦不堪言。他心急火燎地划着小船,希望赶紧完成运送任务,以便在天黑之前返回家中。突然,农夫发现前面有一只小船,沿河而下,迎面向自己快速驶来。眼看两只船就要撞上了,但那只船丝毫没有避让的意思,似乎是有意要撞翻农夫的小船。

　　"让开,快点让开,你这个白痴!"农夫大声地向对面的船吼叫道,"再不让开你就要撞上我了!"但农夫的吼叫完全没用,尽管农夫手忙脚乱地企图让开水道,但为时已晚,那只船还是重重地撞上了他的船。农夫被激怒了,他厉声斥责道:"你会不会驾船,这么宽的河面,你竟然撞到了我的船上!"当农夫怒目审视对方的小船时,他吃惊地发现,小船上空无一人,听他大呼小叫、厉声斥骂的只是一只挣脱了绳索、顺河漂流的空船。

第 11 章 能力从解决难题开始

当你责难、怒吼去抱怨的时候,你的听众或许只是一只空船。那个一再惹怒你的人,绝不会因为你的斥责而改变他的航向。

的确,在工作中,总有很多的"别人"和"事情"让我们很郁闷。这种郁闷可能是因为他们和自己融不到一起,也可能是他们不欣赏你或他们不喜欢你,不重视你;也可能是事情变得不可控制,找不到发泄的对象,怨天尤人。但正像那个农夫一样,我们的抱怨与大吼大叫并没有效果。

在生活中,我们更应该从具体的事情做起,将抱怨从身边踢开。这是改变自己的开始。一份研究指出:一个人若有以下的心理或做法,必定会促使其自寻烦恼、抱怨不已:

1.把别人的问题揽到自己身上。如果你把别人的问题揽到自己身上而自怨自艾,把某些人不喜欢你的责任也统统归因于自己,那么要不了多久,你就会烦恼成疾。

2.盯着消极面。牢牢记住你有多少次受到不公正待遇,或者记着有多少次别人对你说话的态度不友善。如果你把注意力集中在那些不好的、吃亏的事情上,你就会运用这种消极的思想方法来给自己制造烦恼。

3.制造隔阂。绝不去赞扬别人,确实做到不使用任何鼓励之辞;其次,喋喋不休地批评、挑刺、埋怨、小题大做。这是制造隔阂、自寻烦恼的妙法。

4.以殉难者自居。母亲们过度地承担家务劳动,然后对自己说:"没有一个人真正心疼我,对我们家来说,我不过是个仆人而已。"当父亲的也能采取同样的方法:"我的骨架都累散了,谁也不把我当回事,大家都在利用我。"经常这样想,必定会使你烦恼异常,而且还能使周围的人感到讨厌,令你的感觉变得更糟。

5."我早就知道会如此"综合征。如果你预料到有什么坏事会出现,它们多半是会兑现的。

6.蠢人的黄金定律。把其他人都看得一钱不值。运用这条定律的关键是首先嫌弃自己,一旦贬低了自己的价值,接下来就会觉得其他人也同样浅薄,于是对

239

他们不屑一顾,使自己变得众叛亲离。

在生活中注意这六条就能让你离抱怨更远些,就能更好地改变自己。

改变自己要认识自我、明确自我,明白自己喜欢干什么,适合干什么,最看中什么;"定"就是要有明确的定位和目标,了解自己和职业要求的差距;"平"就是要保持一颗平常心,摆脱浮躁;"进"就是要有进取心,常给自己施加压力,规划好自己的事业,开拓人际关系;"信"就是要树立自信心,克服自卑心理;"达"就是要心胸豁达,气量大。

当生活一团糟时,抱怨只会让你乱了头绪;当工作不顺时,抱怨只会让你错失新的机会。抱怨始终不是一种积极健康的力量,不是一个人应有的心态。面对困境和烦恼,唯一能减少它和改变它的就是行动。让自己行动起来,远离抱怨,调整心态,积极行动,困境才能逐渐减小,烦恼才会变少。学会改变,才能更好地成长。

◎ 先别说难,先问自己是否已竭尽全力 ◎

所谓竭尽全力,就是不要给自己任何偷懒和敷衍的借口,而让自己去经受生活最大的考验。遇到问题,先别说难,先问问自己是否已竭尽全力。

"世上无难事,只怕有心人。"这个"有心人"其实就是指那些做事情尽自己最大努力,发挥自己的全部潜能把事情做成做好的人。只要我们学会想尽一切办法、穷尽一切可能去努力做事,那世界上就没有所谓"天大的问题",只有不够努力造成的失败和遗憾。

士光敏夫是日本经济界赫赫有名的人物。当年他在重整东芝公司时,曾经遇到过资金严重不足的困难。当时战争刚刚结束,要筹到足够的资金非常不容易。一天他到一家最有希望能够贷到款的银行申请贷款,可是主管贷款的部长对他十分冷淡。后来在他的不断努力下,部长的态度稍微有所好转,但对贷款问题依然丝毫不松口。

终于到了情况最危急的时候——如果在两天内仍然贷不到款,那么公司将不得不全线停工了。没有其他办法,士光敏夫于是决定破釜沉舟:"怎么也得迫使部长就范!"

他让秘书给他找了一个大包,把在街上买的两盒盒饭放在里面,然后赶到银行。见到部长,他又开始软磨硬磨,希望给他贷款,但对方就是不答应。

双方于是展开了一场舌战,不知不觉已接近下班的时间了。营业部的下班铃声响起后,部长如释重负,提起公文包准备回家吃饭。

然而令部长想不到的是,士光敏夫像变魔法似的从袋子里拿出两盒盒饭,说:"部长先生,我知道你工作辛苦了,但是为了我们能够长谈,我特意把饭准备好了。希望你不要嫌弃这寒酸的盒饭。等我们公司情况好转后,我们再感谢你这位大恩人。"

面对他这种"无赖劲",部长无可奈何,无言以对。但也正是他表现出的这份坚持,使部长产生了他有还贷能力的信心,终于批准了他的贷款申请。

很多时候我们之所以说事情艰难,往往是由于我们还没有尽到最大的努力!我们常说自己已经尽力了,而其实我们并没有把全部潜力发挥出来!所以,当面对问题和困难的时候,我们永远不要先说难,而要应该先问一问自己:我们是否真的已经竭尽全力了?

的确,"难"是我们拒绝努力、说服自己的最好理由。然而,问题真的是那么难以解决吗?

汽车大王亨利·福特,这位被称为"把美国带到轮子上的人",一次,他想制造一种V8型的新型发动机。当他把这个想法跟工程师们交流时,他们都认为这只能是一个美好的设想,现实中是绝对无法实现的。尽管每个工程师都这样认为,但福特却仍然坚持说:"要想办法把它制造出来。"

没办法,工程师们只能很不情愿地开始了尝试,几个月后,他们给福特的结论是:"我们无能为力。"

但福特却说:"继续尝试,直到成功!"

一年的时间过去了,还是没有取得多大的进展,这时所有的工程师都认为无论如何都该放弃了。但福特还是坚持"必须做出来"。

也就在这时,有一位工程师突发奇想,竟然找到了解决办法。就这样,福特制造出了"绝不可能"成功的V8型发动机。

为什么工程师们认为"绝不可能"的事情,最后还是找到方法解决了呢?

其中的关键点,就是我们在做任何事情时,一定要先把不可能的思想束缚放在一边,而只去想我们是否真的想尽了所有的办法、穷尽了一切可能!

畏惧使人无法真正冷静地应付问题,甚至还可能导致行动的瘫痪。但是如果你不管问题难不难,而只想自己是否尽了最大努力,这样你就会轻装上阵,尽全力挖掘自己的潜能,问题反倒容易解决,更能创造出难以想象的奇迹!

曾经是海军军官的卡特,有一次去见海曼·李科弗将军。谈话前,将军让卡特挑选任何他愿意谈论的话题,然后,他再问卡特一些问题。结果将军将他问得直冒冷汗。谈话结束时,将军问他在海军学校的学习成绩怎样,卡特立即自豪地说:"将军,在820人的一个班中,我名列第59名。"

将军却皱了皱眉头,问:"为什么你不是第一名呢,你竭尽全力了吗?"

这句话如当头棒喝,影响了卡特的一生。此后,他事事竭尽全力,后来还当选了美国总统。

其实所谓竭尽全力,就是不要给自己任何偷懒和敷衍的借口,而让自己去经受生活最大的考验。

而生活中很多人之所以无法竭尽全力,常常是因为受到了"我已尽力"假象

第11章 能力从解决难题开始

的迷惑——我已做到最好了,无法再往前走一步了。

然而,这不过是一个他们不愿意接受挑战的借口罢了。

被日本经济界誉为"经营之圣"的稻盛和夫,他所创办的京都陶瓷公司,是日本最著名的公司之一。在该公司刚创办不久,就接到松下电子的显像管零件采购订单,而在当时这笔订单对于京都陶瓷公司来说具有非同一般的意义。

在日本,大家都知道,与松下合作绝非易事,商界对松下公司甚至有这样的评价:"松下电子会把你尾巴上的毛拔光。"

和京都陶瓷这样的新创办公司合作,松下电子显然看中其产品质量好,给了他们供货的机会,但在价钱上松下却一点都不含糊,而且每年都要求降价。

对此,京都陶瓷的一些人很灰心,他们认为:公司已经竭尽全力了,再也没有降价空间了。再这样下去的话,根本无利可图,不如干脆放弃好了。但是,稻盛和夫却认为:松下这样的做法,确实很难解决,可是,如果屈服于困难,就这样放弃了,那只是给自己没能足够去挖掘潜力战胜困难找的借口罢了。

于是,经过再三摸索,京都陶瓷发明了一种名叫"变形虫经营"的管理方法。其具体做法就是将公司分为一个个的"变形虫"小组。作为最基层的独立核算单位,把将降低成本的责任,落实到每个人。这样一来,即使是一个负责打包的老太太,也会知道用于打包的绳子原价是多少,知道浪费一根绳会造成多大的损失。结果,公司的运营成本大幅度降低,最后即便是在满足松下电子的苛刻条件下,公司利润也相当可观。

是的,有些问题确实非常顽固,即使想了许多办法,仍无法解决。于是有些人便认为已到极限了,感觉付出再多努力也是白费。然而,当你真正经过了一番努力奋斗获得成功后,你就会明白所谓"难",其实只是你自己的心灵桎梏而已。

所以,我们一定要尽快把自己从"我已尽力"的假象中解脱出来,再努一把力,你会发现自己原来还有许多没有开发出来的潜能!

◎ 拥有坚强意志，挫折自然退避三舍 ◎

> 意志力是成功者披荆斩棘的利刃。强壮的雄狮驰骋在辽阔的草原是因为它们对目标竭尽全力的追赶，面对挫折不放弃。正是这种坚韧不拔的意志力、这种强者的风范，让它们称霸原野、傲视群雄！

米南德说："谁有历尽千辛万苦的意志，谁就能达到任何目的。"意志是愈穷益坚的韧性，能给人带来不屈的力量；意志是一个人势不可当地奔向成功的决心，无论遭遇什么苦难和挫折；意志是立志要做一件事并且坚持到底的恒心；意志是力量，是来自内心深处一种坚不可摧的力量！

有了坚定的意志，就像给自己添了一双翅膀。它不但给你战胜挫折和困难的勇气，而且可以让你做事更高效，进而更容易驶上理想的航道！

某著名主持人拥有亿万听众，事业上非常成功。回想自己奋斗的历程，她说："对一个刚毕业的大学生来说，没钱，没工作经验，不懂人情世故，甚至不了解自己，要在虚妄的理想和坚硬的现实之间，重新调适自我认知和社会适应能力，这是每一个年轻人走向社会的必经之路。坚强的意志很重要，不过成功也需要机遇。倘若让我再重来一遍深圳之旅，我想凭着我的意志力仍然会有今天。"

她从小在矿山长大，大学毕业后揣着身上仅有的450元钱只身前往深圳，追求一个关于声音的梦想。刚开始生活十分艰苦，居无定所，遭遇过各种困难，可她没有选择放弃。她说："有过怀疑和失落，但是还是坚持下去了，因为我告诉自己，最大的敌人是自己，只要坚持下去，总有曙光在前头！"就是凭借这种意

第 11 章 能力从解决难题开始

志,她一拼就是十几年,终于她成功了,获得了听众的喜爱和事业的辉煌。

拥有坚强的意志的人,挫折自然会退避三舍,因为意志坚强的人无形之中带有一种威慑力。他们不相信命运,只相信自己的实力,他们不相信自己会失败,因为他们认为只要坚持去做了,肯定会有收获!奥斯特洛夫斯基说:"烈火和急剧冷却里锻炼出来的,才能坚硬和什么也不怕。我们的一代也是这样的,在斗争中和可怕的考验中锻炼出来的不会在生活面前屈服。"正是这种绝不屈服的精神,才使他写了《钢铁是怎样炼成的》这部不朽的著作,感动亿万读者并激励他们去为梦想奋斗、坚持。

有了坚强的意志不一定会成功,但没有坚强的意志的人,一定会失败!因为软弱的人在困境面前永远会选择屈服,选择放弃。正是这种失败的想法,造成了他们命运的失败。他们允许自己被小困难打倒,可以轻易就放弃自己的目标,于是他们认为一切都可以忍受,得过且过,碌碌无为。

有一次,松下公司招聘一批基层管理人员,采用笔试与面试相结合的方法。原计划招聘 10 人,报考的却有好几百人。经过一周的考试,通过计算机计分排名,公司选出了 10 位佼佼者。

在松下幸之助将录取者一个个过目的时候,发现有一位成绩非常出色、面试时给他留下深刻印象的年轻人,并未在 10 人之列。于是松下幸之助派人复查了考试情况。结果发现,他的综合成绩排名第二,但计算机出了故障,把分数和名次弄错了,导致了他的落选。松下立即命令纠正错误,给那个年轻人发录用通知书。

第二天,公司告诉松下先生一个惊人的消息:那个年轻人因为没有被录取而跳楼自杀了。听到这个消息,松下沉默了好久。一位助手在旁自言自语:"多可惜,一位这么有才干的青年,我们没有录取他。""不,"松下摇摇头说,"幸亏我们没有录用他,意志如此不坚强的人是干不了大事的。"

意志薄弱是一种可怕的性格弱点。一个人可能拥有经天纬地之才,也可能能力超群,可是如果他意志薄弱,就少了一项可以与困境对抗的资本,很容易走人穷途末路。

　　一个人要想成功,必然要经历一番挫折与磨砺。许多人失败不是因为他们能力不行,而是由于承受不了打击、挫折,中途选择退出。意志力是成功者披荆斩棘的利刃,所以,要想成功,必须先拥有足够的意志力。想象一下雄狮驰骋在辽阔的草原上是怎样的一种姿态吧,对每一个目标,它们都要竭尽全力地追赶、撕咬,从不会在中途放弃对猎物的追捕,即使失败,它们也不会停止对猎物的追逐。正是这种坚韧不拔的意志力、这种强者风范,让它们称霸原野、傲视群雄!想让挫折知难而退吗?那就从现在开始培养自己的意志吧!

◎ 在困境中,更要勇敢出击 ◎

对强者来说,逆境不会持久,因为他们会勇敢出击,扭转逆境,创造出一个有利于自身发展的顺境!

　　勇敢,就是在面临困境的时候临危不惧,就是客观评估风险之后采取果断行动,就是在困难面前绝不后退,就是在狂风暴雨里始终前行。这是一种积极的人生态度,是一种敢为天下先的勇气。当胆小者掉头逃跑的时候,勇敢者选择的却是勇往直前。

　　人的一生不可能一帆风顺,问题是,有的人在面临困难时,百折不挠,将困难看作生活中的一种考验,并从中锻炼自己的意志;而有些人在遇到困难时,首先会畏惧退缩,他们把困难当作一种无法逾越的障碍,缺乏克服困难的意志。一个不成熟的人可以随便把自己与众不同的地方看成是缺陷或障碍,然后期望自

第 11 章 能力从解决难题开始

己能得到特别的对待。成熟的人则不然,他们会先认清自己的不同之处,然后看是要接受它们,还是应当加以改进。

美国南北战争时的名将格兰特有"战场上的想象大师"之称号,他创造了很多经典战役。在维克斯堡战役中,格兰特曾两次失败,但他没有气馁,而是又进行了精心策划,计划采用一个危险的方法进行闪电突袭。大家反对他这样冒险。格兰特还是出兵了,安排士兵在城北攻击,另一部分从南面登陆。格兰特在城北的活动已经麻痹了南方军,他们不清楚他在要塞南面登陆的用意。南方军指挥官慌忙南下,想截断格兰特的给养线,却突然发现根本没有什么给养线。因为格兰特违背了一个基本的作战原则:进攻部队的活动不能脱离掩护得很好的后勤基地。他完全不受条条框框的约束,他一边前进,一边就地征集他所需要的食物和马匹。这场战役的胜利彻底改变了南北双方力量的对比,是北方军走向胜利的转折点。

莎士比亚说:"本来无望的事,大胆尝试,往往能成功。"大胆尝试常常会带给你更多的机会。在困境中,不要把自己当作老鼠,否则肯定会被猫吃掉。

人生充满了各种困境,贫穷就是其中之一。朱元璋少年时父母双双饿死,为活命进寺庙当了和尚;IBM 的董事长托马斯·沃森,年轻时担任过簿记员,每星期只赚 2 美元。但是贫穷并没有成为他们成功的绊脚石,他们把所有的精力都用在了事业上面,根本没有时间去自怜。

张海迪因患脊髓灰质炎导致高位截瘫,但她发奋学习,在家完成了小学、中学的全部课程,还自学了大学英语、日语、德语和世界语,并攻读了大学和硕士研究生的课程。从 1983 年开始,张海迪创作和翻译的作品超过 100 万字。正是由于顽强的毅力和信心,她才能走出困境,为社会作出了贡献。

历史上还有着无数克服自身困难与缺陷而取得伟大成就的人。美国科学家弗罗斯特教授不屈不挠地苦斗了 25 年,硬是用数学方法推算出太空星系以及银河系的活动、变化规律,可他是个盲人,看不见他终生热爱着的天空。

困难并不能成为借口。贝多芬说"我要扼住命运的咽喉",命运其实掌握在自己手中,只要凭借坚强的意志力和无比的勇气,就一定可以克服困难,成就伟业。

　　和困难一样,逆境也不应该成为成功的阻力。"自古英雄多磨难,从来纨绔少伟男"说的就是逆境成就人才。许多家境贫寒、身体残疾的人,都能通过自己的努力而最终取得成功。

　　逆境是把双刃剑,它既能使人坚强,也能让人脆弱,还没有人能在经历逆境后毫无改变。在逆境中站起来的往往是强者,正如鲁迅所说:"真的猛士,敢于直面惨淡的人生,敢于正视淋漓的鲜血。"纵观古今中外,强者战胜逆境的感人事迹不胜枚举,而被逆境击垮的弱者也不在少数。弱者在逆境面前只看见困难和威胁,只会后悔自己的行为或怨天尤人,整天处于焦虑不安、悲观失望、精神沮丧等不良情绪之中;而强者却能战胜逆境,坚持到最后。

　　逆境不会持久,强者必将胜利。逆境,是阻止人前进的阻力,也是造就强者的动力。萧伯纳对讨厌那些时常抱怨逆境的人:"人们时常抱怨自己的环境不顺利,使他们没有什么成就。我是不相信这种说法的。假如你得不到所要的环境,可以制造出一个来啊!"

　　面对困难与逆境,我们越要勇敢出击!

第12章
人生最重要的就是永不放弃

  伟人与常人的不同,在于其信心动摇时,一般会说服自己再次树立信心。成功和幸福一样,不在于外在的富有,而是内心的感受。不甘平庸的人都需要莫大的勇气和毅力,才能勇往直前。狭路相逢勇者胜,对于生活中的勇士来说,一切皆有可能。

◎ 人生最重要的就是永不放弃 ◎

> 不要抱怨播下去的种子不发芽，只要我们精心照料，总会有收获的一天。也许在我们最想放弃的那一刻，恰恰是我们最不该放弃的时候，因为成功就在下一刻！

在工作中，一些人之所以没成功，并非他们没有努力，只是因为他们在遭遇困难之后，在成功前的最后一刻放弃了努力。而最后成功的人，总是抱着"成功就在下一次"的必胜信念，继续努力，最终柳暗花明。

事实上，每遭受一次挫败，就动摇一次信心，这是人之常情。但伟人与凡人的不同之处，就在于其信心动摇时，总会说服自己再次树立信心。

可以说进取心是成功的必要条件，如果一个人没有一种向上向前的积极进取态度，那么成功就无从谈起。成功要具有坚持到底的坚忍力。

什么是坚忍力呢？"坚"是坚持，"忍"是忍受，即当在前进中遇到各种问题与困难时，能够咬紧牙关忍受，不达目的誓不罢休。爱迪生说得好："失败者往往是那些不晓得自己已接触到成功，而放弃尝试的人。"

人生总会遇到关口，这时候，往往会感觉到加倍的软弱和无力，认为自己不行了，就放弃了，因此功亏一篑。

其实不管做什么事情，最关键的是不要轻言放弃，越想放弃的时候越要坚持。当你觉得再也无法突破时，你一定要强迫自己再向前走一步，因为成功就在下一次！

第12章 人生最重要的就是永不放弃

许多历经挫折而最终成功的人,他们感受"熬不下去"的时候,比任何人都要多得多。但是,他们却选择即使感到"已经熬不下去"时,也要"咬咬牙再熬一次",虽然是屡战屡败,但却屡败屡战,终于在最后一刻,看到了胜利的曙光。

孙中山号召大家推翻满清帝国,多次在全国发动起义,却屡遭失败。但他还是号召同志们要坚持,最终,结束了清朝的统治。

坚持就是力量,体现在方方面面。很多时候,坚持就是取得最后成功的根本保证。

哈维不是第一个提出血液循环理论的人,达尔文也不是第一个提出进化论的人,洛克菲勒并不是最先开发石油的人,但他们却是最能坚持到最后的人,所以他们才获得了特别的成功。

人和竹子一样,也是在一节一节地成长:每当过一道"坎"时,都会有战栗和紧张之感,你会深深体会那种失去自我保护的痛苦,那种类似母亲分娩的疼痛。但是你必须集中力量到一点上,闯过去就意味着你上了一个台阶,闯不过去,就表明着成长的失败。

因此,人生的关键时刻,往往是生命中紧张和痛苦汇集到一起的时候,你必定会感到加倍的难受。但这是好事。因为如果缺少恐惧和挣扎感,那就意味着你还没有触及成长的关键点,最终难有突破。所以,你要勇于承受那种"建设性的痛苦"。

英国牛津大学曾举办了一个关于"成功秘诀"的讲座,邀请丘吉尔来演讲。当时,他刚刚带领绝望的英国人民赢得了反法西斯战争的胜利,他的声誉在当时可谓如日中天。

新闻媒体早早就开始炒作,大家都对他翘首以盼。演讲那天,会场上人山人海,大家都准备洗耳恭听首相的成功秘诀。

不料,丘吉尔的演讲却只有短短的几句话:

"我成功的秘诀有三个:第一是,决不放弃;第二是,决不、决不放弃;第三是,决不、决不、决不放弃!我的讲演结束了。"

说完他就走下了讲台。会场上顿时鸦雀无声。一分钟后,会场上却爆发出了雷鸣般的热烈掌声……这是一个何等震撼人心、何等精辟的总结啊!

所以,我们不要抱怨播下去的种子不发芽,只要我们精心照料,总会有收获的一天。也许在我们最想放弃的那一刻,恰恰是我们最不该放弃的时候,因为成功就在下一刻!

艾柯卡曾担任世界汽车行业的"领头羊"福特公司的总裁。由于其卓越的经营才能,艾柯卡在福特公司的声望和影响已经超越了福特二世,事业可谓如日中天。老板福特二世因为担心自己的公司有朝一日会改名为"艾柯卡",于是出人意料地解除了艾柯卡的职务。

离开福特公司之后,艾柯卡可谓是步入了人生的低谷,尽管有很多世界著名企业的领导人都曾拜访过他,希望他能重新出山,但被他婉言谢绝了。因为他心中只有一个目标:"从哪里跌倒,就要从哪里爬起来!"

他最终选择了当时美国第三大汽车公司——克莱斯勒公司,这不仅因为克莱斯勒的老板曾经"三顾茅庐",更重要的是此时的克莱斯勒公司已然千疮百孔,濒临倒闭。他要向福特二世和世人证明:我艾柯卡不是一个失败者!

入主克莱斯勒之后,艾柯卡进行了大刀阔斧的改革和整顿,最终带领克莱斯勒走出了破产的困境。艾柯卡拯救克莱斯勒已经成为一个经典的商业案例,他的永不言败的强者精神,更是鼓舞了很多人。

永不言败,是一种打不倒的信念,是一种不抛弃、不放弃的精神,是成功者必备的品质!不服输的精神,贯穿于每个强者的一生。强者面对失败,是屡败屡战,越挫越勇;弱者遭遇失败,则消极沉沦,全无斗志。正是这种区别,决定了他们人生不同的发展轨迹。强者更强大也更加自信,于是他们坚定不移地前行,直至看到了成功的光芒;而弱者变得更加懦弱无能,他们变成了失败的俘虏,甚至终其一生都抬不起头。

在成功者的词典里，没有"失败"，只是"暂时没有成功"。他们坚信"天生我材必有用"，相信自己不比别人差。他们永远不接受自己失败了，因为他们不会臣服在失败的脚下，而是积极、主动地寻找成功的机会。拿破仑说："人生的光荣，不在于永不言败，而在于能够屡败屡起。"成功者不但有这样的信念，更重要的是，他们会付诸行动！在哪里跌倒，就要从哪里爬起来。

◎ 让自己做到有计划地进步 ◎

> 不管你是谁，都免不了寻找自己准确的人生目标，因此我们要控制好自己急于求成的心态，让自己有计划地进步。

人生中的大多数人，都被生活的重负所累，如同一块巨石压身，喘不过气来。的确，我们的生活太沉重了，身心常有疲惫之感。但是又不能不为自己的前途静下心来，去寻找出路。也许你会发出这样的感叹："唉，我的出路何在呀？我都熬到这个年龄了，怎么还是没有希望？"叹息是没有用的，唯有挺直腰杆寻找出路才可能有最大的希望，才是硬道理。

人生之所以迷茫，归根结底是没有远大的志向和为之奋斗的明确目标。没有人生的目标，只会停留在原地。没有远大的志向，只会变得慵懒，只能听天由命，叹息茫然。想不让机会就这样溜走，不叫青春就这样逝去，只有靠志向和理想冲出迷茫的旋涡，崭新的人生之页将会为你从这里掀开。

人生立志，先从"志"说起。古人云"心之所指曰志"，也就是指人的思想发展趋向。当代汉语对"志向"一词是这样解释的："未来的理想以及实现这一理想的决心。"理解了"志"的含义后,我们对"立志"的含义就很好理解了。所谓立志,就是立下未来的人生理想。

　　人的一生中,除了年幼无知的童年时期外,其他每个不同的成长发展阶段都与立志有很大的关系。简而言之,青少年求学阶段,尤其是大学时期,是人生志向的确立时期;中年工作阶段,是人生志向的实现时期;老年休息阶段,是对人生志向的回顾与检查时期。由此看来,立志是人生各个时期不可或缺的事,值得青年们深思。

　　一个没有目标的人就像一艘没有舵的船,永远漂流不定,只会到达失望、失败和丧气的海滩。鲜花和荣誉从来不会降临到那些无头苍蝇一样在人生之旅中四处碰壁的人头上。

　　聪明的人,有理想、有追求、有上进心的人,一定都有明确的奋斗目标,他懂得自己活着是为了什么。因而他所有的努力,从整体上说都能围绕着一个比较长远的目标进行,他知道自己怎样做是正确的、有用的。有了明确的奋斗目标,也就产生了前进的动力。因而目标不仅是奋斗的方向,更是一种对自己的鞭策。有了目标,就有了热情,有了积极性,有了使命感和成就感。有明确目标的人,会感到自己心里很踏实,生活得很充实,注意力也会神奇地集中起来,不再被许多繁杂的事所干扰,干什么事都显得成竹在胸。

　　我们每个人都期待走上成功的舞台,并成长为影响一方的主角。可是你对自己现在的工作、生活、学习状况感到满意吗?你有没有更大的追求目标与梦想呢?你是不是觉得有信心,可是就是感觉没时间给自己充电呢?为了不打击自己的信心,那么就尝试"每天进步一点点"的理念吧。

　　每天进步一点点,听起来好像没有冲天的气魄,没有诱惑力,也没有展示决心的气势。但是这句话更能展示我们的坚韧力。细细琢磨一下:每天,进步,一点点,那简直是在默默地创造一个料想不到的奇迹,在不动声色中酝酿一个真实感人的神话。

第 12 章　人生最重要的就是永不放弃

每天进步一点点，一步登天做不到，但一步一个脚印能做到；一鸣惊人不好做到，但做好每一件事，可以做到；一下子成为成功者不可能，但每天进步一点点有可能。

一个人不成功很多时候不是因为他缺少了某些东西，而是他多了某些东西。多了某些影响他成功的不良习惯，譬如，恐惧、懒惰、没耐性……播种一种习惯，将收获一份成功。每天进步一点点，成功是一种量的积累。不积跬步，无以至千里。成功是从量变到质变的过程。我们渴望成功的结果，但我们是不是更要珍惜艰苦创业过程中的每一天及每一次的挑战……

不羡慕别人的富足，也不抱怨自己暂时的不成功。向自己挑战！每天进步一点点，只要今天的我比昨天的我有所进步，就会进步。让我们珍惜每一天，让我们每天进步一点点。不管是书本知识，还是谋生的手段、生存的技能，适应社会、家庭、工作及生活发展的各项本领。或者哪怕每天笑容比昨天多一点点；每天走路比昨天精神一点点；每天行动比昨天多一点点；每天效率比昨天提高一点点；每天方法比昨天多找一点点……一个人，如果每天都能进步一点点，哪怕是 1% 的进步，试想，有什么能阻挡得了她最终达到成功？

有一首童谣：失了一颗铁钉，丢了一只马蹄铁；丢了一只马蹄铁，折了一匹战马；折了一匹战马，损了一位将军；损了一位将军，输了一场战争；输了一场战争，亡了一个帝国。一个帝国的灭亡，一开始居然是因为一位能征善战的将军的战马的一只马蹄铁上的一颗小小的铁钉松掉了。正所谓小洞不补，大洞吃苦。每次一点点的变化，最终会酿成一场灾难。每次一点点的放大，最终会带来一场翻天覆地的变化。成功就是每天进步一点点。

每天进步一点点，它具有无穷的威力。我们要有足够的耐力，因为成功有时就是重复着去做简单的事情。每天进步一点点是简单的，之所以有人不成功，不是他做不到，而是他不愿意做这些简单而重复的事情。因为越简单、越容易的事情，人们也越容易不去做它。

◎ 做生命的勇者 ◎

狭路相逢勇者胜。对于生活中的那些勇士来说,一切皆有可能。与困难作抗争,即使暂时失败了,也虽败犹荣;但是对于那些胆小如鼠、畏首畏尾的人来说,所有的可能都会因为他的恐惧而荡然无存。

恐惧心理是人们的一种正常的心理状态,也是情绪的一种。是在真实或想象的危险中,深切感受到的一种强烈而压抑的情感状态,它是人们企图摆脱、逃避某种危险或是不利环境时的一种本能反应,通常表现为如下几个症状:神经高度紧张,心跳加速,注意力无法集中,脑海里一片空白,口渴、出汗和发抖,这时候人们通常都不能正确判断或控制自己的举止,变得容易冲动。

你是否有过这样的经历?小时候因为惧怕呛水,所以迟迟没有学会游泳,直到现在还是一个旱鸭子。你是否出现过考试前失眠,进考场后战战栗栗,过度紧张的经历?你是否会在参加重大比赛时突然怯场?你是否从来不敢接近那些风险较大的投资?

如果是的话,就将曾经的惧怕统统抛开,从今天开始,告诉自己不要再惧怕,要做一个勇者。无论是生活中,还是事业上都应该如此。

胡达·克鲁斯老太太在她70岁高龄之际作出一个令人震惊的决定:她准备学习登山。对于一个高龄老人来说,在家享受生活、安度晚年是最好的生活方式。可这位勇敢的老太太并没有被即将到来的困难所吓倒,相反,她决定参加危险的登山活动。面对危机四伏的山峰,老太太似乎并不害怕。她在25年的时间里登上了许多高山,其中有几座还是世界名山,最终老太太的勇气使她登上了海拔3776米的日本第一高峰——富士山,成为登上此山的年龄最大的登山者。

没有登不上的山,只有不敢爬山的人。95岁的克鲁斯老太太就是我们的榜样。但为什么会发生下面这样的情形呢?有些士兵因为恐惧而逃离烽烟弥漫的战场,完全不顾国家安危;有些消防员因为惧怕熊熊烈火,眼看着一条条生命在烈火中丧生。

恐惧心理会让人逃避压力,不知进取,在对手面前丧失自信,畏首畏尾,而且经常半途而废,无法坚持到底。这些人面对强势要么躲避要么屈服,最终迷失了自我和自尊。

狭路相逢勇者胜。菲利浦·劳顿·玛丽曾经说过:"勇气就是在恐惧和狂妄之间的一种气质和平衡因素。恐惧会产生胆怯,狂妄会导致鲁莽,而勇气会使人们勇敢地面对生活中不可回避的痛苦。"

勇气是我们面对困难时的一种强大力量,拥有勇气、自信,我们就能战胜困难。在荆棘遍地的人生道路上,勇气是支撑我们走下去的坚强依托。

在一处地势险峻的峡谷中,连接悬崖两岸的只有一座残破的铁索桥,下面是汹涌奔流的江水。它歪歪斜斜地横亘于两个悬崖之间,要想通往江河的对岸,就必须依靠这座残破不堪的铁索桥。

有一天,一个盲人、一个聋子和一个手脚健全耳聪目明的年轻人一同来到河岸边准备过河,他们只能依靠这桥上的几根锈迹斑斑的铁索攀过去,绕路走的话天黑之前他们肯定到不了对岸,他们商议后于是便决定从此桥通过。

盲人有些担心,因为他看不见,把控不住方向。尽管他看不见眼前险峻的悬崖和破败的铁索,但脚底江水的咆哮和怒吼使他内心的恐惧渐渐加深,紧握铁索的手也僵硬起来,最后失足坠落江水中。

聋子看到盲人的遭遇十分难过,但是已经有一个人丧生了,他绝不能退却,于是他咬紧牙关,握紧了铁索小心地渡河,一边走还一边说"没问题"。当他喊出第21声"没问题"的时候,他成功到达了对岸。

他并不为年轻人担心,因为他身体强健、行动敏捷,心想他一定能够顺利通过。谁知盲人的死对年轻人刺激很大,他满脑子想的都是盲人的惨叫声,而对于聋子的自我鼓励却置若罔闻。

他一边鼓励自己一边握紧了铁索。走出几步后,险恶的江水又让他想起了盲人,他开始害怕起来,跟跟跄跄地迈了几小步,江水的怒吼声一阵阵袭来,年轻人越来越恐惧,然后往对岸看了看,还有30多米的距离。一阵晕眩,脑袋里一片空白,于是他决定放弃这条险峻的路,开始蹒跚地往回走。就在这时,他失去了平衡,险些跌入江底。他奋力挣扎着找到了平衡,但害怕得止步不前,他不知所措,一慌张便坠入了江中。聋子非常难过,向江底沉痛地鞠了两个躬,然后朝着自己的目标继续前进。

恐惧使人丧失自信,丧失面对困境时的勇气。如果连自己都不信任自己,那么失败就是必然的。伟大的推销员弗兰克曾说过:"如果你是懦夫,那么你就是自己最大的敌人。"对生活中的勇士来说,一切皆有可能;但对于那些畏首畏尾的人来说,所有的可能也只会因为他的恐惧而荡然无存。

◎ 责任感是一种珍贵的能力 ◎

同样的工种,同样的环境,同样的设备,同样的材料,同样的产品,责任心强的人,工作效率高,服务态度好,生产出来的产品是优质产品。责任心不强的人,工作效率不高,服务态度不好,生产出来的产品是劣质产品。为什么?缺失了责任感,就是缺失了能力,生产出来的只会是劣质的产品。

一个有责任心的人,必定是敬业、热忱、主动、忠诚的人,把细节做到完美的人。

第 12 章　人生最重要的就是永不放弃

在责任感的驱使下,他会积极挖掘自我潜能,会更加勇敢、坚韧和执著,会充满激情地勤奋工作,不断积累工作经验,提升自我的工作能力,发现自我的不足,从而加强学习,变"要我培训"为"我要培训",提升自我。

责任感不仅是一种使命感和职业精神,更是一种能力,是其他所有能力的核心,缺乏责任感,其他能力就会失去用武之地。无论一个人多么优秀,他的能力都要通过尽职尽责的工作才能完美地展现。一个不愿负责任的人,即使生活、工作一辈子,也不会有出色的业绩,今天可能是师傅,明天就会被年轻的师傅所替代,因为能者为师永远是硬道理。

对工作负责,就是对企业负责;对集体负责,就是对自己负责。一个员工的能力再强,如果他不愿付出,也不能为企业创造价值;而一个愿意为企业全身心付出的员工,即使能力稍逊一筹,也能创造出最大价值。一个缺乏责任感的人,会失去自己的信誉和尊严,失去别人对自己的信任和尊重,失去社会对自己的认可。

在我们的生活中,有些事情我们可以不去做,但是责任感要求我们去做,有时责任感还要求我们完成一些我们能力很难完成的事情。事实上只要认真对待,尽职尽责,我们就会惊讶地发现:我做到了,我成功了!从这个意义上说,责任感是一种精神,也是使我们的事业走向成功的动力之源。作为一个在平凡岗位上工作的人,可能有的人会说:我干的是最简单的事情,换了谁都能做,有什么责任感可言?其实不然,同样简单的事情,用心和不用心、有责任感和无责任感,其结果大相径庭。机遇总是垂青于有所准备、有责任感的人。再简单的事情,只要你用心去做,比别人多想一些,多做一些,你就会比别人做得更好。

强烈的工作责任感是干好每一项工作的前提,是一个人为人处世的宝贵品质。有了强烈的责任感,再难的坎儿也能迈过去,再复杂的难题也能解决,再危险的工作也能化险为夷。没有责任心,再容易的工作也干不好,再简单的事情也会出错,再安全的岗位也会出险情。

在日常工作中人们也常看到,同样的单位,同样的工种,同样的环境,同样的设备,责任感强的人,工作效率高,服务态度好,生产出来的产品是优质产品;责任感不强的人,工作效率不高,服务态度不好,生产出来的产品是劣质产品。

责任感不强的职工,自私自利,推诿塞责,粗枝大叶,疏忽大意,应付了事,关键时刻"撂挑子",工作做不好,任务完不成,质量提不高,甚至会出安全事故,轻者挨批评、扣奖金,重者受处罚、解除劳动合同。总之,有什么样的责任感就有什么样的结果。

几年前,美国著名心理学博士艾尔森对世界100名各个领域的杰出人士做了问卷调查,结果让他十分惊讶:其中61名杰出人士承认,他们所从事的职业并不是他们内心最喜欢做的,至少不是他们心目中最理想的。这些杰出人士竟然在自己并非喜欢的领域取得了那样辉煌的业绩,除了聪颖和勤奋之外,究竟靠的是什么呢?

带着这样的疑问,艾尔森博士又走访了多位商界英才。其中纽约证券交易所的金领丽人苏珊的经历,为他寻找满意的答案提供了有益的启示。

苏珊出身于中国台北的一个音乐世家,她从小就受到了很好的音乐启蒙教育,非常喜欢音乐,期望自己的一生能够驰骋在音乐的广阔天地,但她阴差阳错地考进了大学的工商管理系。一向认真的她,尽管不喜欢这一专业,可还是学得格外刻苦,每学期各科成绩均是优异。毕业时被保送到美国麻省理工学院,攻读当时许多学生可望而不可即的MBA,后来,她又以优异的成绩拿到了经济管理专业的博士学位。

如今她已是美国证券界的风云人物,在被采访时她依然心存遗憾地说:"老实说,至今为止,我仍不喜欢自己所从事的工作。如果能够让我重新选择,我会毫不犹豫地选择音乐。但我知道那只能是一个美好的'假如'了,我只能把手头的工作做好……"

艾尔森博士直截了当地问她:"既然你不喜欢你的专业,为何你学得那么棒?既然不喜欢眼下的工作,为何你又做得那么优秀?"

苏珊的眼里闪着自信,十分明确地回答:"因为我在那个位置上,那里有我应尽的职责,我必须认真对待。不管喜欢不喜欢,那都是我自己必须面对的,都没有理由草草应付,都必须尽心尽力,尽职尽责,那不仅是对工作负责,也是对自己负责。有责任感可以创造奇迹。"

因为种种原因,一些人可能会被安排到自己并不十分喜欢的领域,从事了并不十分理想的工作,一时又无法更改。这时,任何的抱怨、消极、懈怠,都是不足取的。唯有把那份工作当作一种不可推卸的责任担在肩头,全身心地投入其中,才是正确与明智的选择。

世间事无大小,总要有人去做。成功是辛酸和汗水所结的果实。成功并不是一时的,关键靠平时的准备与辛勤开垦。有的人凭着吃苦耐劳的精神,在平凡的岗位上做出了不平凡的业绩;有的人手里捧着金饭碗,却需要向别人讨饭吃。个中差别,值得我们慢慢去品味。]

◎ 此路不通彼路通 ◎

我们不但要适应变化,还要学会预见变化,适时调整,做好迎接挑战的准备。 出现问题,我们要想各种办法解决。一种办法解决不了,我们还可以再想其他办法。要学会经常转换思路,改变角度,解决问题其实很简单。

有一句俗语是"条条大路通罗马"。罗马城是当时罗马帝国的经济、政治和文化中心,随着频繁的对外贸易和文化交流,大量外国商人和朝圣者络绎不绝来到这里。罗马统治者为了加强对罗马城的管理，修建了一条条整齐的大道。它们全部以罗马为中心，通向四面八方。据说当时人们无论从哪一条大道开始旅行，只要一直不停地往前走，都能成功抵达罗马城。现在"条条大路通罗马"用来形容达到一个目的的方法可以多种多样，我们在实现目标的过程中可以有多种选择。

无论是在追求梦想的道路上，还是在劳碌奔波的生活中，我们都会遇到"此路不通"的尴尬境地，遇到这种情况，我们就只能去调整自己，适应变化。

母亲列了一份清单让孩子自己出门买各种杂粮，在孩子临走时给了他几个装米的袋子。

孩子来到粮店，按照购买清单一一购买，这才发现少了一个袋子。清单上详细地列了大米、小米、高粱和玉米四种粮食，可母亲就给了三个袋子。孩子没有多余的钱买布袋，所以没有买全所有的粮食，只装满了三个袋子回家了。

回来后，孩子抱怨母亲不仔细检查布袋，为了买剩下的玉米，以至于让自己还要再跑一趟。母亲笑了："你不会找老板要一根绳，然后把装得少的布袋从中间扎紧，那么上面一层不就可以装玉米了吗？实在想不到的话，你也可以再买一个布袋装玉米啊？"孩子反驳说没有多余的钱来买布袋。母亲又笑："傻孩子，你不会少要一点玉米啊？这样不就能买布袋了吗？"

孩子一听傻了，不好意思地又去买玉米了。

出现问题，我们要想办法解决。一种办法解决不了，我们还可以再找其他办法。最重要的是当遇到问题时不能一味地循规蹈矩，墨守成规，一头钻进死胡同。要学会经常转换思路，改变角度，那样你会发现解决问题其实很简单。

我们必须认识到变化随时随地都有可能发生。我们不仅要适时调整，适应变化，还要学会预见变化，做好迎接挑战的准备。

1. 彼路风景更好

"此路不通彼路通，彼路风景独好。"事实上，我们总是会执著于此路而停滞

第12章 人生最重要的就是永不放弃

不前，是因为我们的惯性思维认为那是最顺畅、最好的一条路。惯性思维方式会让我们错过许多宽敞顺畅的大路，也会错过许多别样的美丽风景。

工作中，我们常会因为这些惯性思维方式而束手束脚，总是不但问题没有解决好，还造成诸多的麻烦，反而损失更多的利益。

观光电梯的发明其实很偶然，它的创意是在一次增加电梯的工程中偶然闪现出来的。

因为人流量越来越大，原本的电梯已不能满足人们的日常使用需求，美国摩天大厦出现了严重的拥堵问题。为了早点解决这一问题，工程师建议大厦尽快停业整修，直至将新的电梯修好。这个建议得到了上层领导的认可并很快被付诸行动。当电梯工程师和大厦建筑师们做好了一切准备工作，即将穿凿楼层时，一位大厦里的清洁工的问话激发了工程师们的创意。

"你们得把各层的地板都凿开吗？"清洁工问道。工程师解释，如果不凿开，就没法装入新的电梯。"那大厦岂不是要停业很久？"清洁工又问道。工程师无奈地点头，"我们没有别的办法，每天的拥堵情况你也看到了，不能再耽误了，否则情况会更糟。"

清洁工不经意地随口说道："要是我，我就把电梯装到外面去。"

这个看似不经意的建议，其实蕴含了无限的智慧。也许清洁工并没有察觉到她随口说的话会成为工程师们的创意亮点。于是世界上第一座观光电梯就这样不经意地诞生了。

工程师为了解决大厦拥堵的状况，决定用传统方法再安装一部电梯，这一方案可谓费时费力。而观光电梯不仅解决了大厦停业的可能性，还创造出了有观景作用的电梯。

为什么工程师们的专业素养就产生不了这一奇妙的创意呢？究其原因就在于工程师早已被束缚在一成不变的建筑知识体系当中，已然形成了一套固有的思维方式。因而每个人都应当避免惯性思维方式对处理问题的束缚作用，这样才能找到更好的解决方法。

2.每一条路都能通向成功

每一条道路都能通往成功，唯一的区别只是这些路的艰险情况。正如"条条大路通罗马"道理一样，在不同的行业里，用不同的奋斗方式，我们都能获得成功。"此路不通"的情况只存在于道路标牌中，因为通过绕行，最终我们仍能殊途同归。

◎ 合理的欲望是成功的翅膀 ◎

我们大多数人都渴望成功，但是如何才能更快地接近并通过这条叫成功的独木桥呢？

一个年轻人曾问苏格拉底，怎样才能更快地成功，成功的秘诀是什么。苏格拉底没有立刻回答，只是要这个年轻人第二天早晨去河边见他。第二天，苏格拉底让这个年轻人陪他一起向河中央走。当河水没到脖子时，苏格拉底趁这个年轻人没有注意，一下子就把他按入水中。小伙子当然拼命挣扎，但是，苏格拉底牢牢地把这个年轻人按在水里，直到他奄奄一息。这时，苏格拉底才把他的头拉出水面。小伙子重获新生般大口呼吸着空气。苏格拉底问："在水里时，你最需要什么？"小伙子回答："空气。""这就是成功的秘诀。当你渴望成功的欲望就像你刚才需要空气的愿望那样强烈时，你就会成功。"苏格拉底说。

康德拉·希尔顿曾说："当我穷困潦倒到必须睡在公园的长板凳上时，我就知道自己今后一定会成功。因为一旦一个人下定决心要功成名就的时候，就表

第12章 人生最重要的就是永不放弃

示他已经向成功迈出了第一步。"

假如我们身陷险境,与强盗歹徒展开殊死搏斗,把他打倒是我们获得自救的唯一方法时,我们不可能有时间去请教拳击教练或柔道专家,我们唯一能做的就是舍命拼搏。追求成功,亦是如此。当渴望成功如同渴望生命一般时,你才可能获得它。

五官科病房里同时住进来两位病人,他们都是鼻子不舒服。在等待化验结果期间,甲说:"如果是癌,我就立即去旅行,首先去拉萨。"乙也表示了相同的想法。结果出来了:甲得的是鼻癌,乙不过是鼻息肉。

甲列了一张告别人生的计划表后,离开了医院,而乙住了下来。甲的计划表是:去一趟拉萨和敦煌;见证一次长城、天安门的辉煌;读完莎士比亚的所有作品;力争听一次阿炳原版的《二泉映月》;写一本书……凡此种种,共27条。

他在这张计划表后面这样写道:我的一生有很多梦想,有的实现了,有的因为种种原因而没有实现。为了不留遗憾地离开这个世界,我打算用生命最后不多的几年去实现还剩下的这27个梦想。

甲就辞掉了公司的职务,拉萨、敦煌、天安门、内蒙古都留下了他的足迹。现在甲正在努力实现他出一本书的夙愿。

有一天,乙在报上看到甲写的一篇散文,就打电话问甲的病情。甲说:"我无法想象,要不是因为这场病,我的生命该多么糟糕。是它提醒了我,去做自己想做的事,去实现自己想实现的梦想,直到现在我才体味到什么是真正的生命和人生。你生活得也挺好吧!"乙沉默了,因为在医院时说去拉萨和敦煌的事,早已因患的不是癌症而被抛到脑后去了。

在这个世界上,其实每个人都患有一种不治之症,那就是不可抗拒的"死亡"。我们虽然明知如此,却没有像那位患鼻癌的人那样,列出一张生命的清单,抛开一切多余的东西去实现心中的梦想,因为我们认为我们还会活很久。然而正是这一点上的差别,使我们的生命之间有了本质的差别,有些人把梦想变成了现实,有些人把梦想带进了坟墓。

我们应该对未来的生活充满美好的憧憬和希望,但是,我们绝不可对未来剩余的时间予以过多的期望,时间是那样的公平,无论你怎样争取,它都不能为你延长或增加一秒,也正是因为这样,生命中的每一天、每一秒才会是唯一的,只要过去了就永不回来。所以,当你有了成功的欲望后,只有立刻行动,才是最好的选择。

阿诚是一位很有抱负的年轻人,他立志要成就一番伟大的事业。他最初想当一位医生,救死扶伤,但是他这个理想很快就破灭了。不过,他没有气馁。他决定将自己的目标分成若干小部分,一步步地去实现。

他先选择当了一名药剂师。但是他对这个行业一窍不通,只能先学一些基本的医药知识。于是,他将这个定为自己眼前的目标,并为之付出自己百分百的努力。他进入一家小药店,一边工作,一边努力学知识。两年半的时间,他最初的目标实现了。这时,他又为自己订下了更高远的目标,他想去南方,真正跨入医药行业,做一名真正的药剂师。而且,他也真的毫不犹豫地照着自己的计划去做了,他勇敢地去了广州。因为渴望成功的那种欲望一直支配着他。

在广州,几经周折,他终于在一家药店找到了一份工作。他在这里努力汲取着自己所需要的养分,他出色的工作令老板十分满意。很快,他就掌握了药材零售业务的所有要领。

七年的努力之后,他觉得自己可以向更高的目标前进了,于是,他辞去这份打工的工作,同时也结束了自己的打工生涯,同一位叫阿平的人一起开了一家药材批发零售公司,开始开创自己的事业。

又数年后,他又脱离了阿平,向下一个目标前进,走上了独立经营的道路。

从阿诚的成功经历中,我们可以看出,他之所以能实现自己最初的梦想,是因为这一路都有那种成功的欲望在支持着他,鼓舞着他。

由此我们也可以知道,成功并不是那么遥不可及,但是也并非唾手可得。你必须给成功插上欲望的翅膀,让欲望引导着自己前行。从当下开始,请你保持那份对成功的渴望,让欲望载着成功更好地飞翔。

◎ 新生活从选定方向开始 ◎

杰出人物之所以杰出,在于他们都有自己明确的方向,并为之付出全身心的努力,于是获得了令常人羡慕的胜利,站到了让常人仰慕的高度。

比塞尔现在是西撒哈拉沙漠中一颗耀眼的明珠,每年都有数以万计的观光者来到这里。可是,在肯·莱文发现它之前,它还是一个封闭落后的地方,没有一个人走出过大漠,据说,不是因为他们不愿意离开这块贫瘠的土地,而是尝试过很多次都没有成功地走出去。

肯·莱文当然不相信这种说法。但是他得到的回答都一样:从这儿无论向哪个方向走,最后还是转回到了出发的地方。为了打败这种说法,他做了一次试验,从比塞尔村向北走,结果只用了三天半就走了出来。

但是,比塞尔人为什么走不出来呢?肯·莱文为了解除疑惑而雇了一个比塞尔人,让他带路,看看到底是什么原因。他们带了半个月的水,牵了两峰骆驼,肯·莱文则收起指南针等现代设备跟在后面。

第十一天的早晨,他们果然又回到了比塞尔。这一次肯·莱文终于明白了比塞尔人走不出大漠的原因,因为他们根本就不认识北斗星!没有方向!

在一望无际的沙漠里,如果一个人只凭着自己的感觉往前走,他会走出许多大小不一的圆圈,最后的踪迹十有八九是一把卷尺的形状。而且,比塞尔村处于

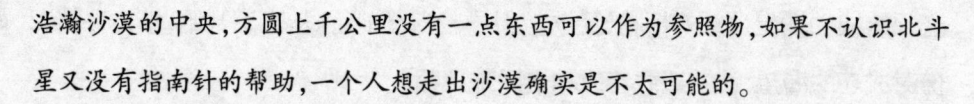

浩瀚沙漠的中央,方圆上千公里没有一点东西可以作为参照物,如果不认识北斗星又没有指南针的帮助,一个人想走出沙漠确实是不太可能的。

肯·莱文在离开比塞尔时,带走了一位叫阿古特尔的青年,就是上次和他合作过的人。他对这位青年说,只要白天休息,夜晚朝着北面那颗星走,他就能走出这个沙漠。阿古特尔半信半疑地照着去做,结果三天之后果然走到了大漠边缘。阿古特尔因此成为比塞尔的开拓者,人们为他铸造了一座铜像,竖在小城的中央。铜像的底座上刻着一行字:新生活是从选定方向开始的。

在人生的道路上,正确的目标和方向起着不可估量的作用,往往会有令人惊喜的事半功倍的功效。有的放矢和盲目而为,是智者与愚人的区别。

艾戈尔是德国汉堡的一名自由画家,当年他从法国来到德国时,为了绘画艺术,竭尽千般努力,吃尽万般苦头,梦想着有一天能出人头地成为一名画家。然而,他自以为的呕心沥血之作却无人问津,这么多年的奋斗到头来他还是个口袋空空的落魄艺术家。他这才逐渐意识到,自己的想法和做法不切实际,只有换个前进方向,找到适合自己的生存方式,才能一步步向名画家靠拢,实现当名画家的理想。

艾戈尔经过细心观察,发现德国一般的传统家庭都很注重全家聚在一起共进晚餐,并以此作为亲情沟通的美好时光。尽管食品简单得只是些面包、果酱和香肠,但场面绝对温馨,这样的晚餐很有特色:如果是品东方茶,就用上东方茶具和东方图案的餐巾纸;如果喝咖啡,就垫上印有巧克力豆的餐巾纸。因此,在德国,10张一包的艺术餐巾纸很畅销。

由此,艾戈尔产生了自己的想法,决定改变自己艺术追求的方向。他成立了一家餐巾纸设计公司,将法国人的浪漫体现在纸巾的设计作品中,将德国人的严谨应用到企业管理中。经过十几年的努力,他终于从一个食不果腹的自由职业画家,成功地转型为一名杰出设计师,他所设计的艺术餐巾纸更是声名远扬。而今他正在考虑如何实现自己的画家梦想,并且在这个基础上建立一个属于自己的博物馆,将他设计的所有艺术餐巾纸陈列出来,供人参观、收藏。

在实现成功目标的努力中,很多时候,有了顽强斗志和不懈奋进还远远不够,正确的方向起着至关重要的作用。一味蛮干,只低头拉车,不抬头看路,也许永远到不了自己的目的地。抬起你一直低着的头,把目光望向远方,你会发现别处更有好风光。

请记住,新生活,从选定的正确方向开始。